決定版 世界のカブトムシ BEST 100

The Definitive Ranking of Beetles

Dynastes satanas

Trypoxylus dichotomus septentrionalis

Eupatorus gracilicornis gracilicornis

Dynastes hercules hercules BLUE TYPE

Dynastes hercules paschoali

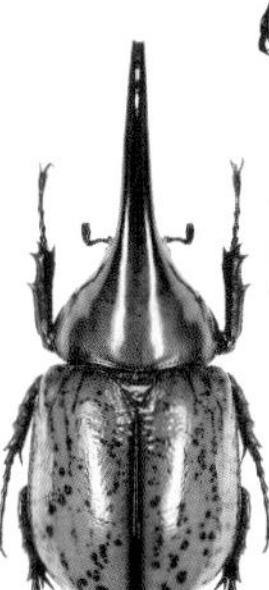

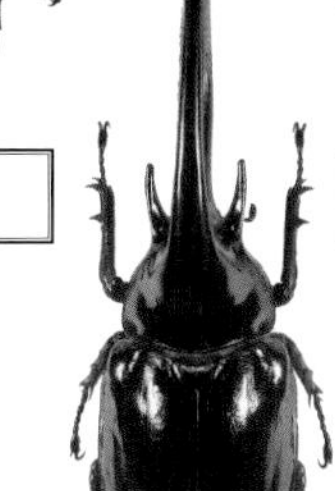

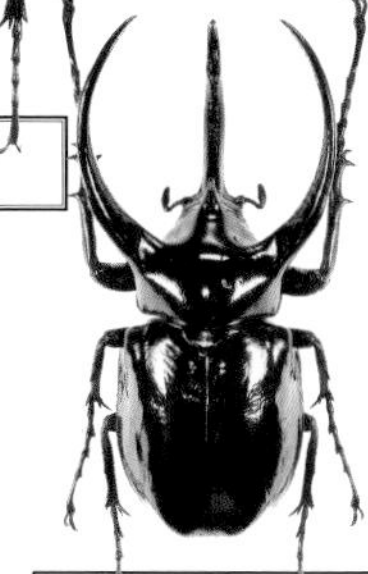

Dynastes hyllus

Dynastes neptunus

Chalcosoma atlas hesperus

Beetle Anatomy

カブトムシのからだ

カブトムシ（オス）

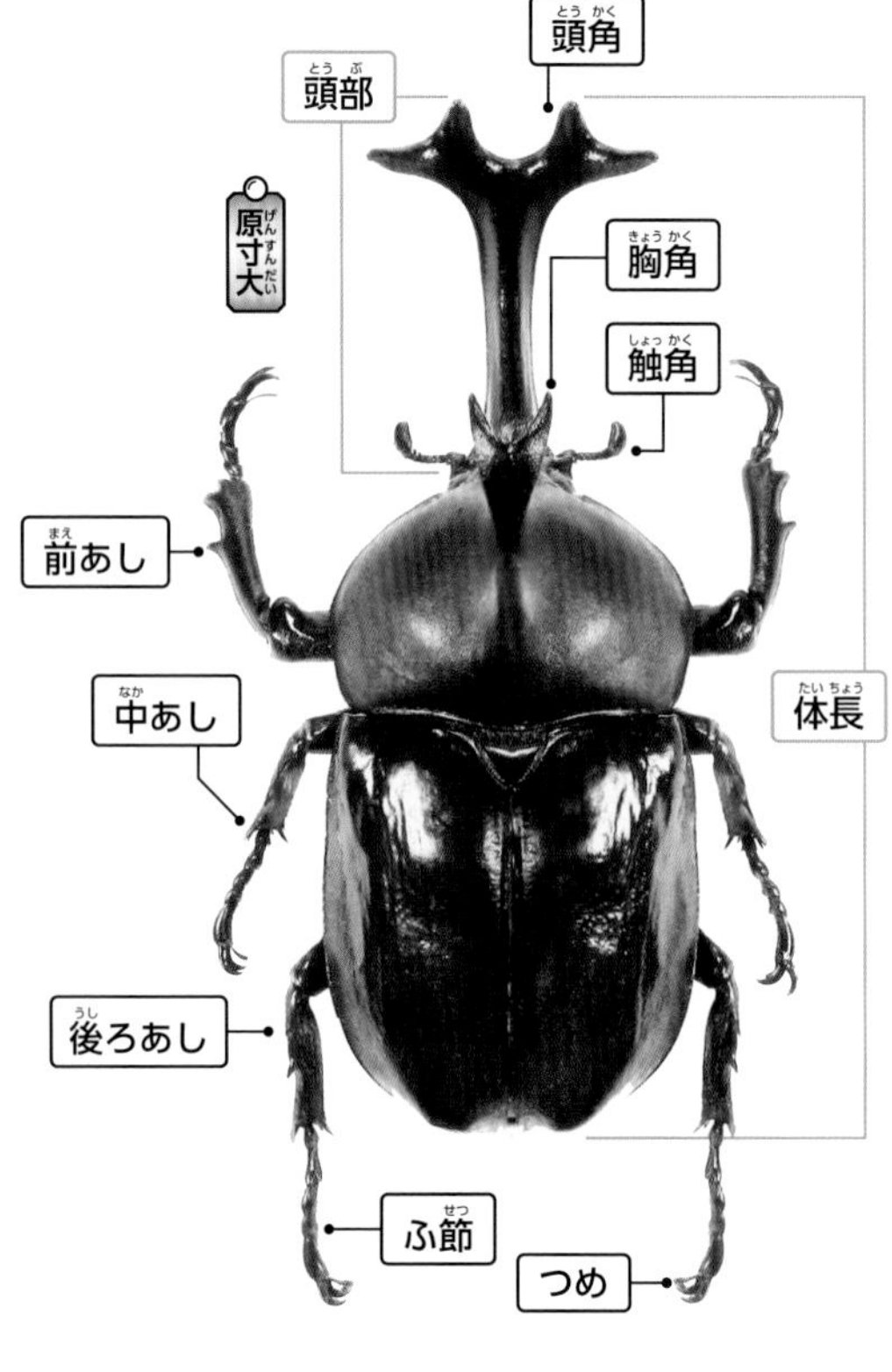

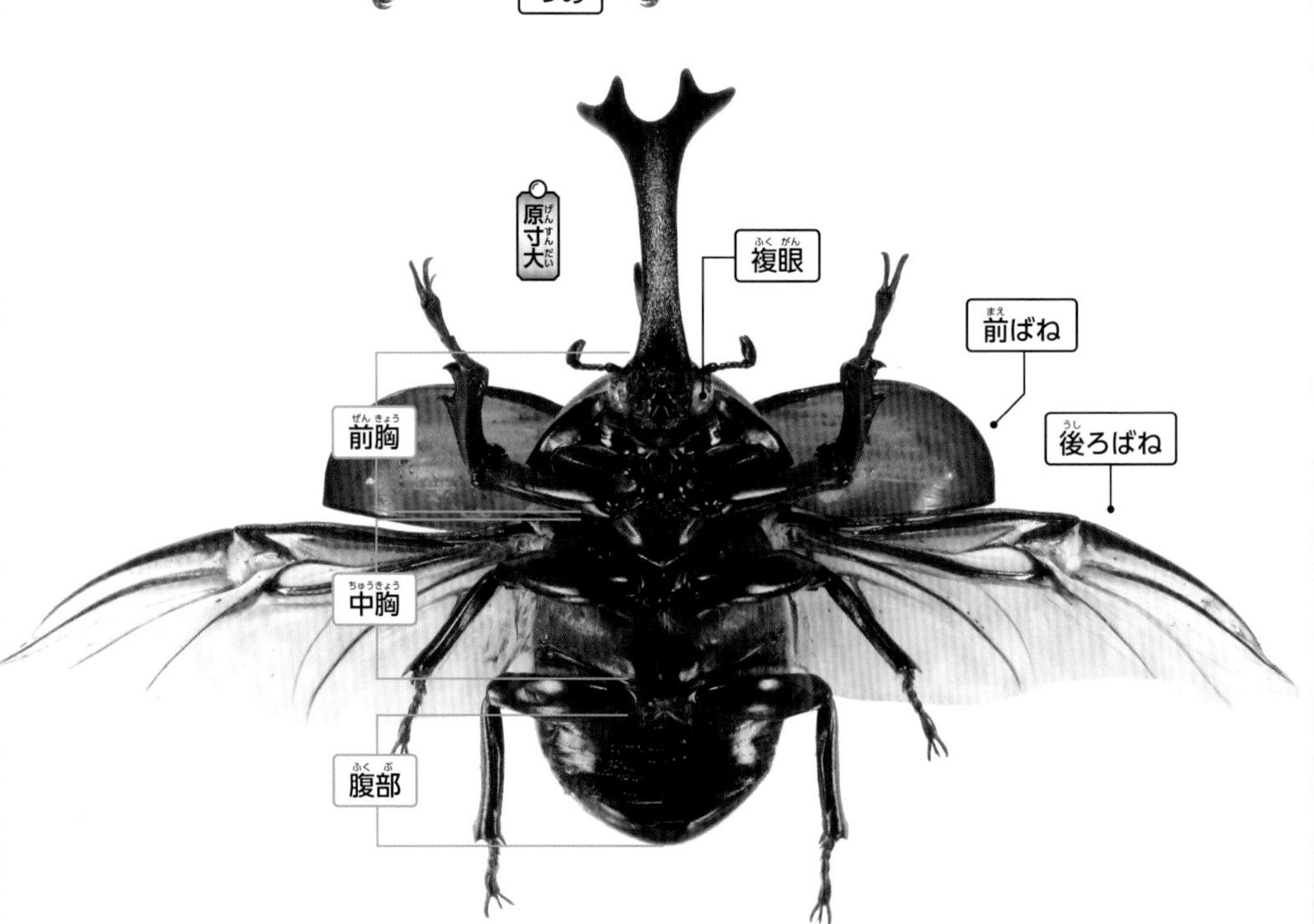

まえがき

思い返せば少年時代、学校の図書館にある昆虫本で世界の大型カブトムシを眺めながら「いつか自分で採りに行ってみたい」と夢に見ていた。その昆虫少年はやがて昆虫採集に没頭し、夢だった南米やマレーシアへの昆虫観察旅行を実現する。集めた世界の昆虫標本は数千に及び、それはいまでも増え続けている。

これまで数多の昆虫書籍を読み漁ってきたが、昆虫の〝順位〟を決めるものにはなぜか出会えずにいた。「だったら作ってしまおう」と、このランキング本の登場とあいなった。

世界のカブトムシBEST100の選定にあたっては、その強さや造形の美しさ、人気度、希少性をベースとしているが、確たるデータを元にしているわけではない。長年のコレクション活動、昆虫イベントでの標本展示、ブリーディング経験、昆虫本の出版、昆虫フィギュアの監修、昆虫講演会、そして海外原生林での生態観察――。豊富な昆虫に関する体験をもとに、私が肌で感じてきた様々な事がその基礎となっている。私の職業の一つが絵を描く仕事であり、姿形の格好良さは芸術的な視点から選んだ種も多い。

小さいカブトムシの写真は、拡大することでその美しいディテールを存分に楽しめるようにしているのも見どころだ。この本の順位に納得しながら、また異論を挟みながら、世界の魅力的なカブトムシに驚き、楽しんでもらいたい。心に残るカブトムシを見つけてほしいと、そんなことを願っている。

本書を制作するにあたりご協力いただいた関係各位に、この場をお借りして謝辞を記したい。

岡村茂

レア度 ★★★★★

Dynastes hercules lichyi BLUE TYPE

ヘラクレス・リッキーブルー

★第1位★
Beetles Ranking BEST 100

縮小写真

▲胸角突起は中央より体寄りに生えている。頭角突起は1〜2本生えている

原寸大
オス
体長：162.0mm
標本採集地
エクアドル

世界最大・最強のカブトムシ、ヘラクレス。その中でも、前ばねが青くなるブルータイプと呼ばれるヘラクレスは大変珍しく、生体、標本共に希少価値がとても高い。そのためブルーヘラクレスの人気は絶大で、なかでも戦闘能力が一番高いヘラクレス・リッキーのブルータイプは紛れもなく不動のナンバーワンなのだ。

Data

エクアドル、コロンビア、ボリビア、ペルー、ベネズエラに分布。オスの最大体長は171mm以上にもなり、特にエクアドルのオスは大型である。ブルー発生率は100匹に1匹。

▲ベネズエラのヘラクレス・リッキーブルー145mm。リッキーブルーは産地国に関係なく発生する

ブルータイプのヘラクレス

ヘラクレスの仲間は世界に13亜種。この本ではブルータイプのランクインはリッキーのみとしているので、いずれもレア度5つ星クラスの他種を紹介しておこう。

ブルーヘラクレスはほとんどがオスであり、黄褐色と黒色の前ばねの色をした、通常色のメスから生まれる。しかし、南米エクアドルでは前ばねが青いメスの目撃例があり、ブルータイプのメスも存在すると思われる。

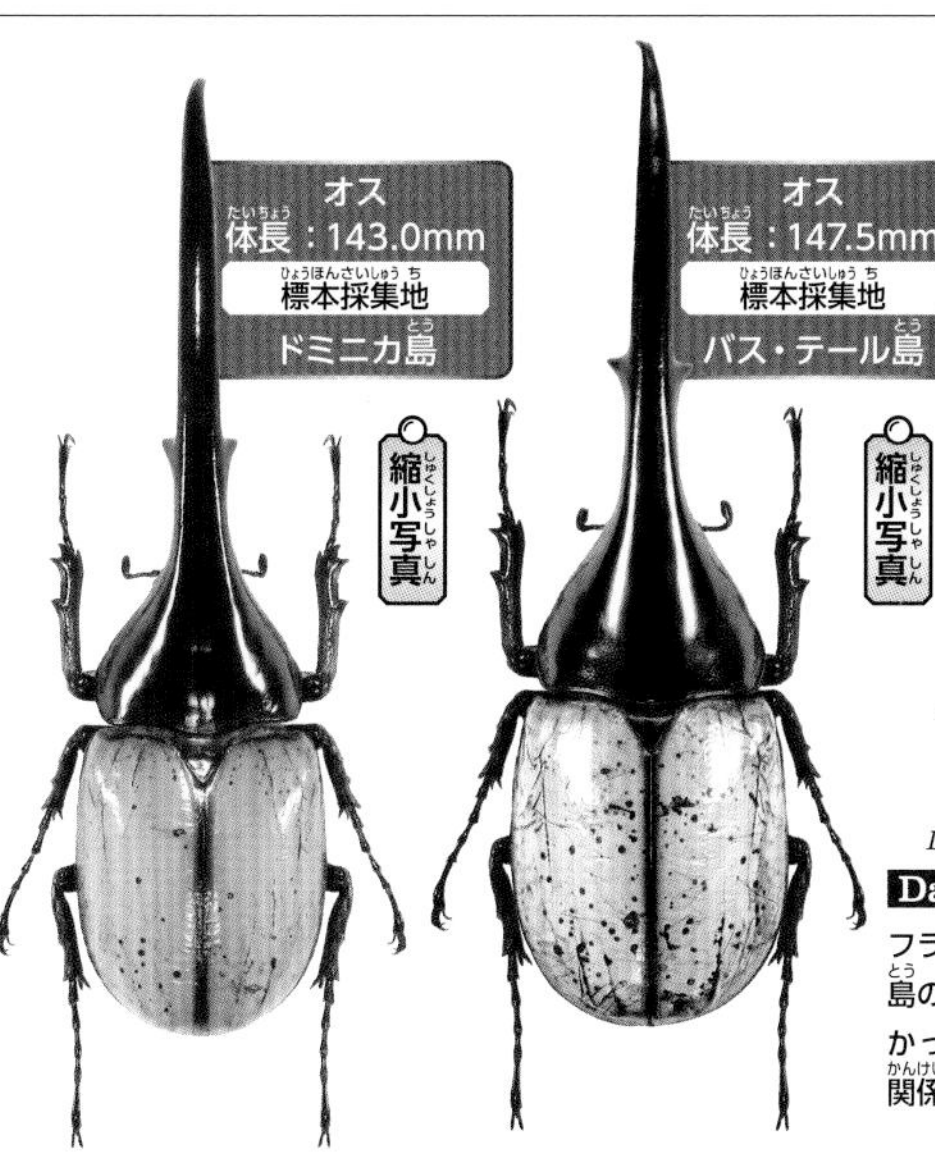

ブルーヘラクレス・ヘラクレス

Dynastes hercules hercules BLUE TYPE

Data

フランスの海外県であるグアドループ諸島のバス・テール島とドミニカ島で見つかったブルーヘラクレス。体の大小に関係なくブルータイプは発生する。

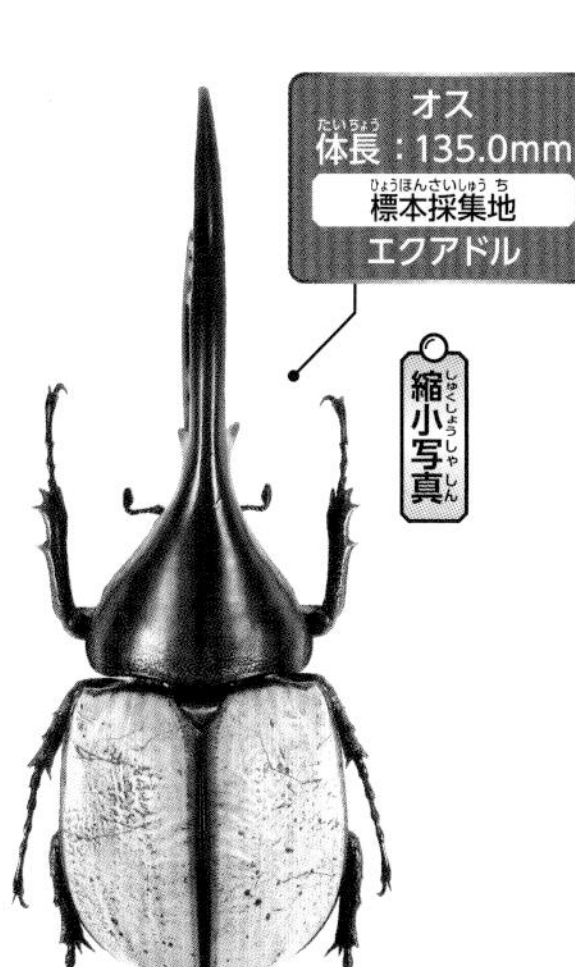

ブルーヘラクレス・エクアトリアヌス

Dynastes hercules ecuatorianus BLUE TYPE

Data

エクアドル、コロンビア、ブラジルなどに分布。オスの最大体長は160mm以上になる。エクアトリアヌスのブルータイプは大変珍しい。

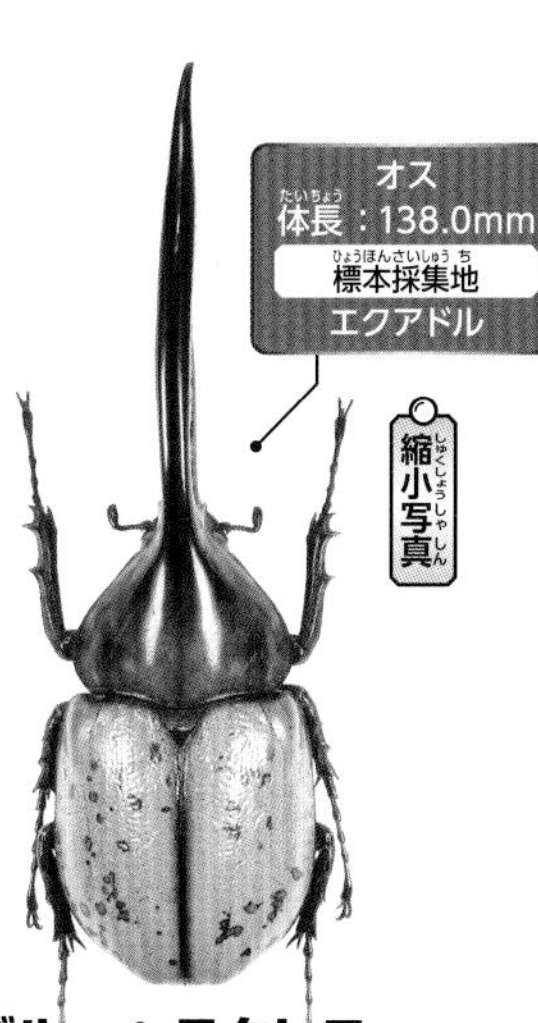

ブルーヘラクレス・オキシデンタリス

Dynastes hercules occidentalis BLUE TYPE

Data

エクアドル、コロンビア、パナマに分布。オスの最大体長は156mm以上になる。このオスは前胸の部分も青白く変色していて、レア度が高い。

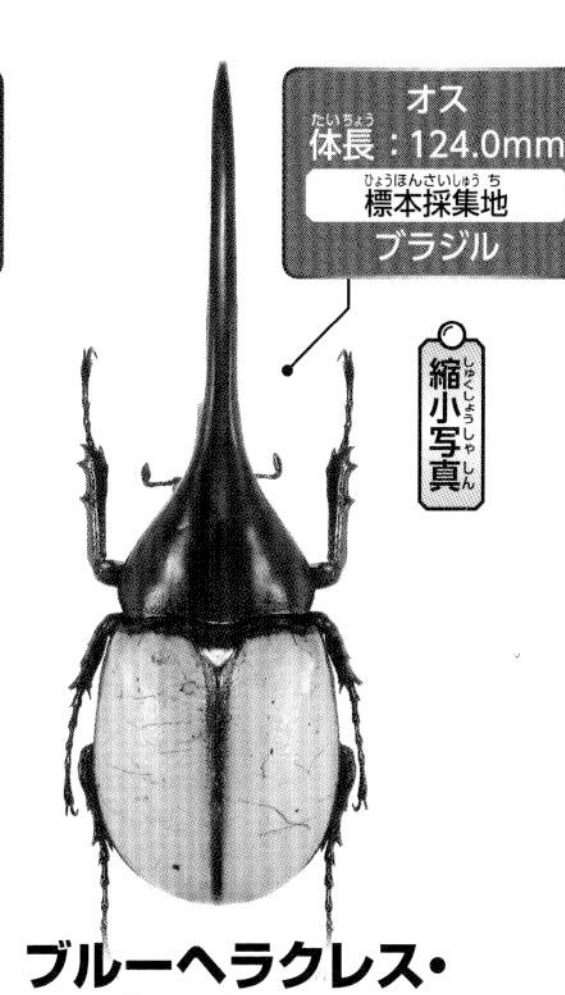

ブルーヘラクレス・タカクワイ

Dynastes hercules takakuwai BLUE TYPE

Data

ブラジル、ボリビアなどに分布。オスの最大体長は140mm以上になる。ヘラクレス亜種の中でもレア度が高い珍しいヘラクレス。

レア度 | ★★★☆☆

Dynastes hercules hercules

ヘラクレス・ヘラクレス

★第2位★
Beetles Ranking BEST 100

Data

フランスの海外県グアドループ諸島のバス・テール島、ドミニカ島に分布。オスの最大体長は178mm以上になる。ヘラクレスの原名亜種であり、生息地では通年見られるという。

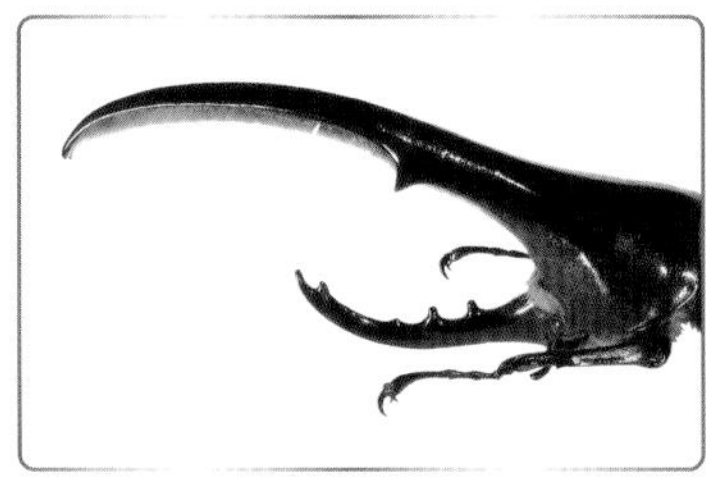

▲胸角突起は中央よりも体寄りに生えている。頭角突起は2～4本生えている

原寸大
メス
体長：68.0mm
標本採集地
バス・テール島

原寸大
オス
体長：167.6mm
標本採集地
ドミニカ島

胸角が太く、見るからに力強さを感じさせるヘラクレスの原名亜種。ブルータイプを除けばまさに最上位の人気ヘラクレスだ。

人工飼育で181㎜を超えるオスが羽化しており、飼育人口が多いことも人気の理由となっている。

レア度 | ★★☆☆☆

Dynastes hercules lichyi

ヘラクレス・リッキー

★第3位★
Beetles Ranking BEST 100

Data

エクアドル、コロンビア、ボリビア、ペルー、ベネズエラに分布。オスの最大体長は171mm以上になる。特にエクアドルのオスは大型になる。

▲エクアドルのジャングルで、コルカの木で樹液を吸うリッキーの大型のオス

長く伸びた胸角と頭角で、相手を挟み投げ飛ばす戦法をとるヘラクレス。体がより大きい方が戦いに有利だが、リッキーは角も長いため〝世界最強のヘラクレス〟との呼び声が高い。1位にブルータイプを入れているが、ノーマルタイプもあえてベスト3にランクインさせたい。人工飼育では167㎜以上のオスが羽化している。

レア度 | ★★★★☆

Dynastes hercules paschoali

ヘラクレス・パスコアリ

★第4位★ Beetles Ranking BEST 100

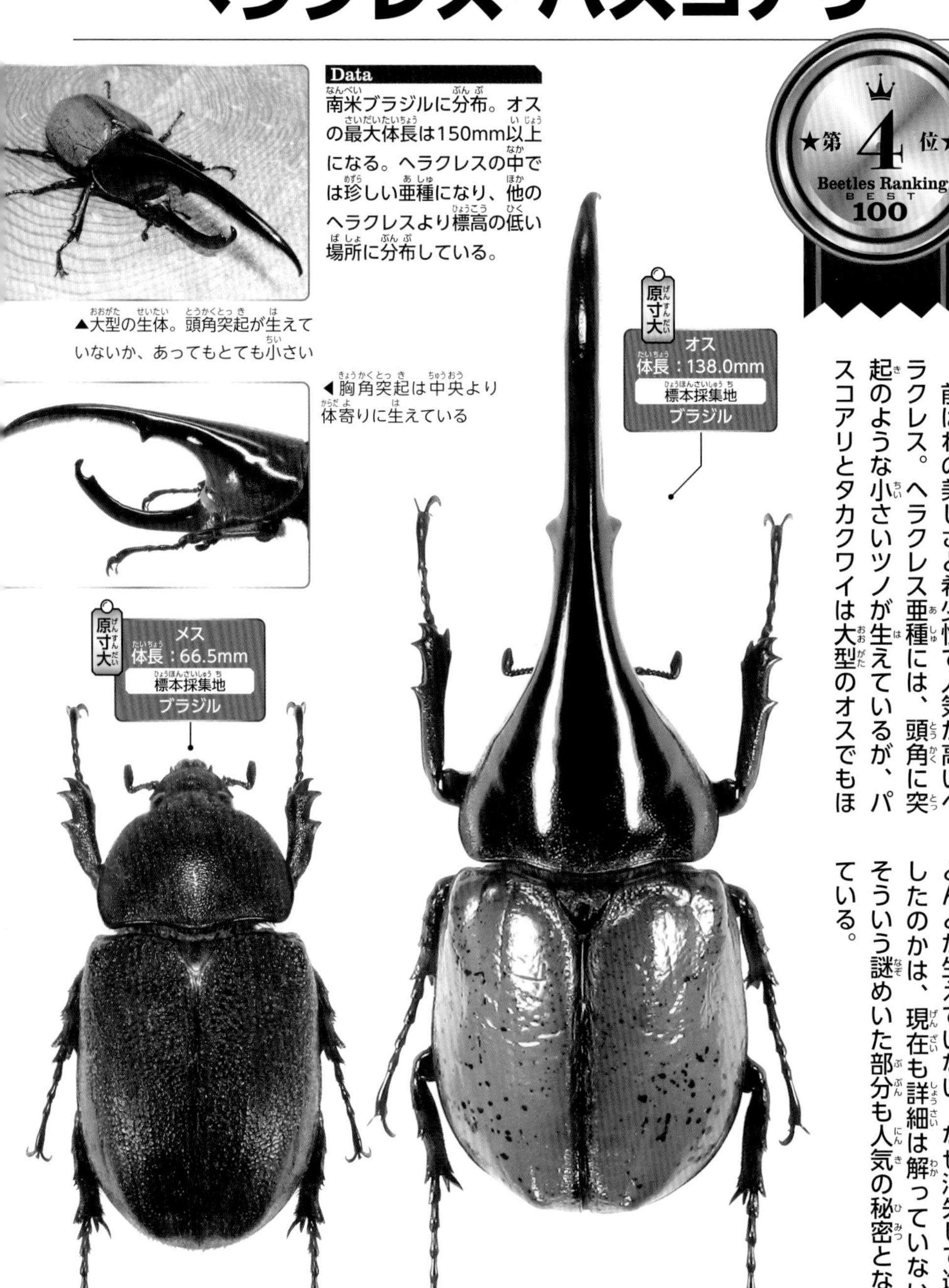

Data

南米ブラジルに分布。オスの最大体長は150mm以上になる。ヘラクレスの中では珍しい亜種になり、他のヘラクレスより標高の低い場所に分布している。

▲大型の生体。頭角突起が生えていないか、あってもとても小さい

◀胸角突起は中央より体寄りに生えている

前ばねの美しさと希少性で人気が高いヘラクレス。ヘラクレス亜種には、頭角に突起のような小さいツノが生えているが、パスコアリとタカクワイは大型のオスでもほとんどが生えていない。なぜ消失して進化したのかは、現在も詳細は解っていない。そういう謎めいた部分も人気の秘密となっている。

ヘラクレスの仲間たち

ヘラクレスのランクインは以上とし、ここでは亜種４種を掲載しておく。

ヘラクレスは広大なジャングル地帯に生息しているため見つけるのは困難であり、標本のほとんどは夜間明かりに飛来して採集されたものである。

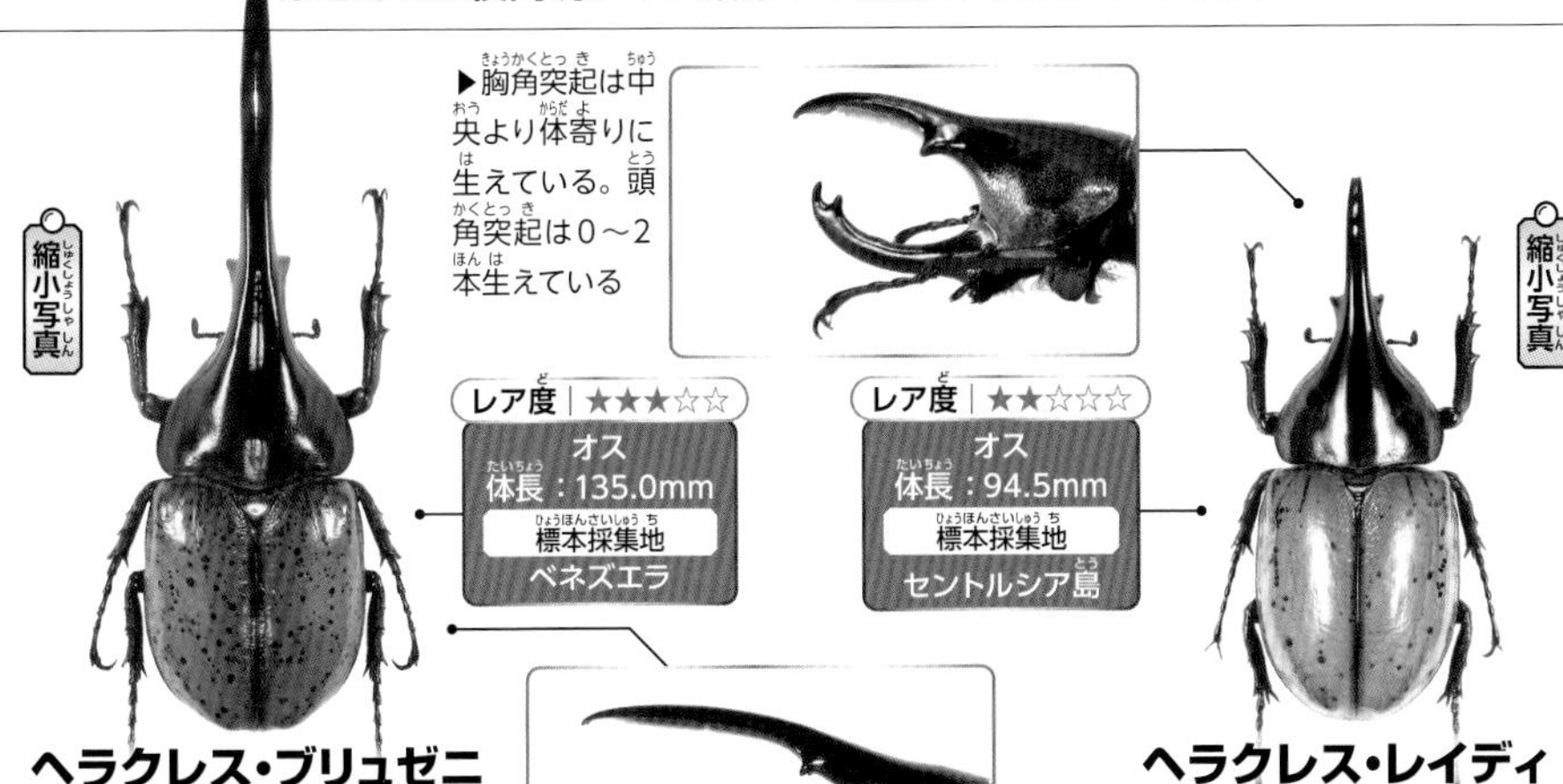

▶胸角突起は中央より体寄りに生えている。頭角突起は０〜２本生えている

▲胸角突起は中央より体寄りに生えている。頭角突起は１〜３本生えている

ヘラクレス・ブリュゼニ

Dynastes hercules bleuzeni

Data

ベネズエラ、ブラジルに分布。オスの最大体長は150mm以上になる。主にベネズエラのボリバル州で見つかっている。

ヘラクレス・レイディ

Dynastes hercules reidi

Data

小アンティル諸島のセントルシア島に分布。オスの最大体長は105mm以上になる。

▶胸角突起は基部に生えていて大きい。頭角突起は１本生えている

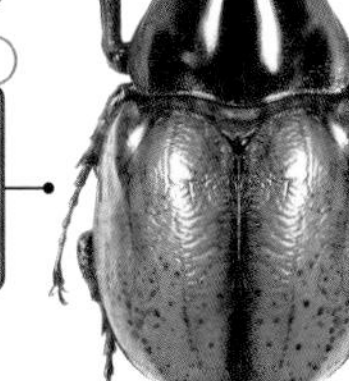

▲胸角突起は中央より体寄りに生えていて長く、先が尖っている。頭角突起は２〜３本生えている

ヘラクレス・トリニダーデンシス

Dynastes hercules trinidadensis

Data

小アンティル諸島のトリニダード島、トバコ島に分布。オスの最大体長は144mm以上になる。最大でも150mmは超えないが、形が良いヘラクレス。

ヘラクレス・セプテントリオナリス

Dynastes hercules septentrionalis

Data

メキシコ、ベリーズ、ホンジュラス、コスタリカ、グアテマラ、パナマなどに分布している。オスの最大体長は158mm以上になる。

レア度 ★☆☆☆☆

Trypoxylus dichotomus septentrionalis

カブトムシ（ヤマトカブト）

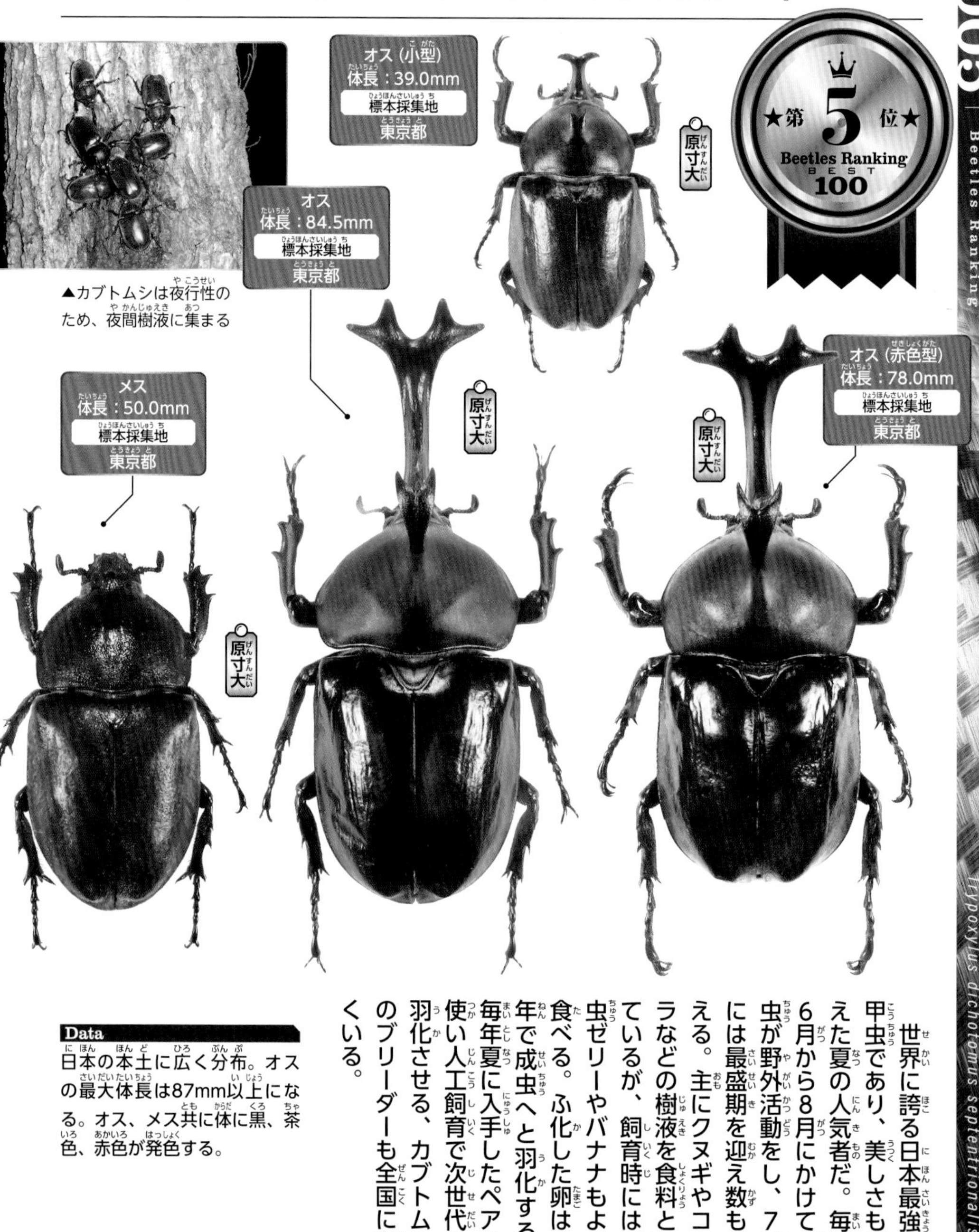

▲カブトムシは夜行性のため、夜間樹液に集まる

Data

日本の本土に広く分布。オスの最大体長は87mm以上になる。オス、メス共に体に黒、茶色、赤色が発色する。

世界に誇る日本最強の甲虫であり、美しさも備えた夏の人気者だ。毎年6月から8月にかけて成虫が野外活動をし、7月には最盛期を迎え数も増える。主にクヌギやコナラなどの樹液を食料としているが、飼育時には昆虫ゼリーやバナナもよく食べる。ふ化した卵は1年で成虫へと羽化する。毎年夏に入手したペアを使い人工飼育で次世代を羽化させる、カブトムシのブリーダーも全国に多くいる。

日本のカブトムシ

日本では本島以外に、離島にもカブトムシは分布しており、ヤマトカブトよりも体長やツノが小さいものがほとんどだ。その仲間をここで紹介しよう。

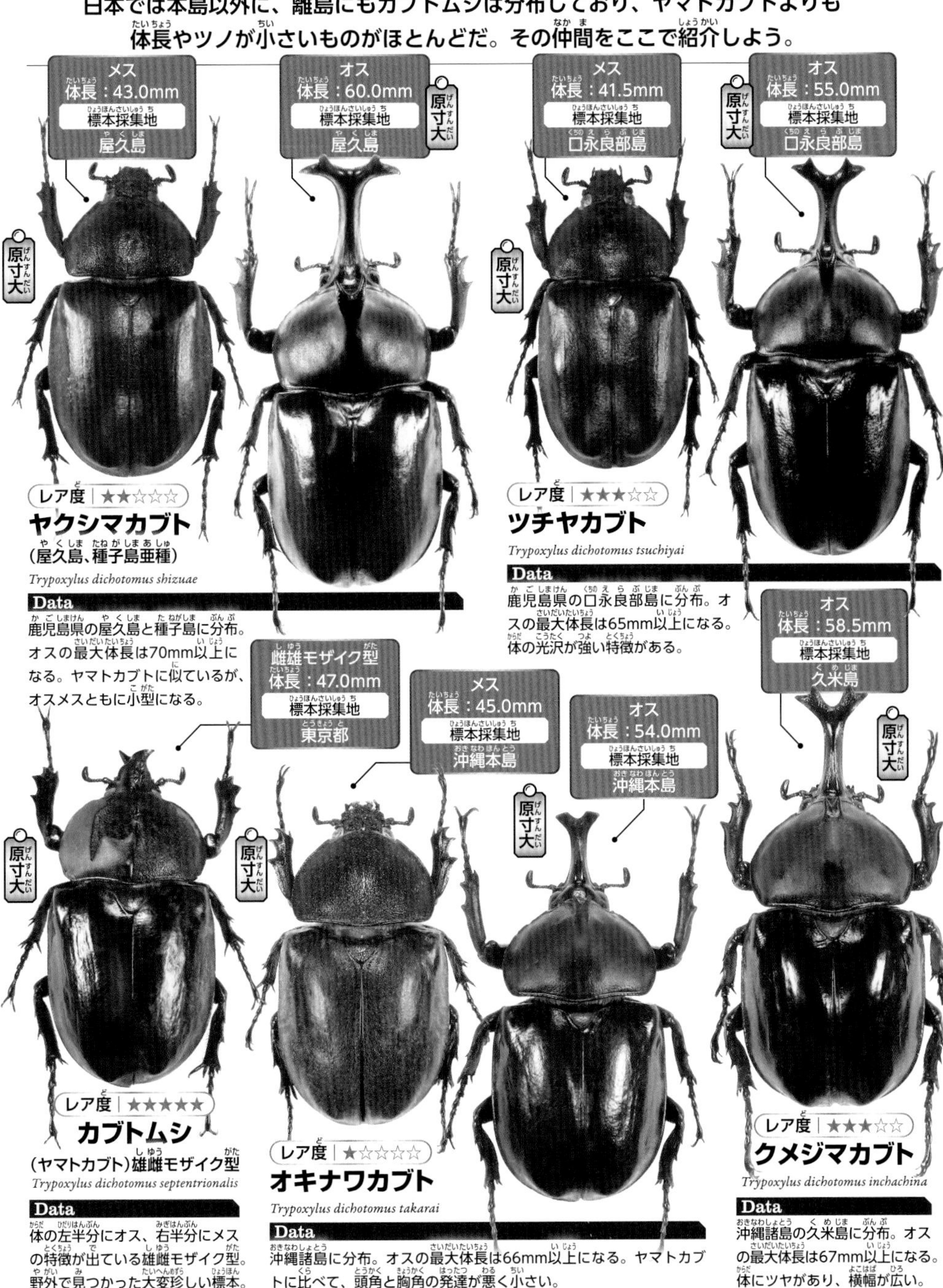

レア度｜★★☆☆☆

ヤクシマカブト
（屋久島、種子島亜種）

Trypoxylus dichotomus shizuae

Data

鹿児島県の屋久島と種子島に分布。オスの最大体長は70mm以上になる。ヤマトカブトに似ているが、オスメスともに小型になる。

レア度｜★★★☆☆

ツチヤカブト

Trypoxylus dichotomus tsuchiyai

Data

鹿児島県の口永良部島に分布。オスの最大体長は65mm以上になる。体の光沢が強い特徴がある。

レア度｜★★★★★

カブトムシ
（ヤマトカブト）雄雌モザイク型

Trypoxylus dichotomus septentrionalis

Data

体の左半分にオス、右半分にメスの特徴が出ている雄雌モザイク型。野外で見つかった大変珍しい標本。

レア度｜★☆☆☆☆

オキナワカブト

Trypoxylus dichotomus takarai

Data

沖縄諸島に分布。オスの最大体長は66mm以上になる。ヤマトカブトに比べて、頭角と胸角の発達が悪く小さい。

レア度｜★★★☆☆

クメジマカブト

Trypoxylus dichotomus inchachina

Data

沖縄諸島の久米島に分布。オスの最大体長は67mm以上になる。体にツヤがあり、横幅が広い。

レア度 ★★★☆☆

Chalcosoma chiron kyrbyi

マレーコーカサスオオカブト

★第6位★ Beetles Ranking BEST 100

Data

マレーシアに分布、オスの最大体長は127mm以上になる。生息地のマレーシアで120mm以上のオスは、年間に数頭しか見つからない。

▲大型のオスは頭角の三角形状の突起が小さいか無い

マレーコーカサスオオカブトの大型のオスは、胸角が太く大きく美しい円を描く個体が多い。そのためコーカサスオオカブトの仲間では一番人気がある。ブリーダー人口も増えており、人工飼育では128㎜を超えるオスが羽化している。

原寸大

メス
体長：60.0mm
標本採集地
マレーシア

原寸大

オス
体長：127.0mm
標本採集地
マレーシア

レア度 | ★★★☆☆

Dynastes neptunus

ネプチューンオオカブト

★第7位★
Beetles Ranking BEST 100

Data

エクアドル、ペルー、ベネズエラ、コロンビアに分布。オスの最大体長は160mm以上になる。頭角1本と胸角3本を使い敵と戦う。頭角の長さは全てのカブトムシの中でも最長であり、強力な武器となっている。

▲エクアドルのジャングルにいた特大型のオス。長く伸びた大きな角が武器だ！

ヘラクレスの次に大型になるカブトムシで、闘争本能が強い傾向がある。エクアドルでは一番標高が高い場所に分布する。同地ではヘラクレス・リッキーも標高の高い場所にいるため、時として2種が戦うことがあるという。ツヤがある黒い体は、見るからに戦闘に強そうな印象がある。

原寸大
メス
体長：70.5mm
標本採集地
エクアドル

原寸大
オス
体長：151.0mm
標本採集地
エクアドル

レア度 ★★☆☆☆

Chalcosoma chiron chiron

コーカサスオオカブト

★第8位★
Beetles Ranking BEST 100

Data

インドネシアのジャワ島に分布、オスの最大体長は121mm以上になる。コーカサスオオカブトの原名亜種。

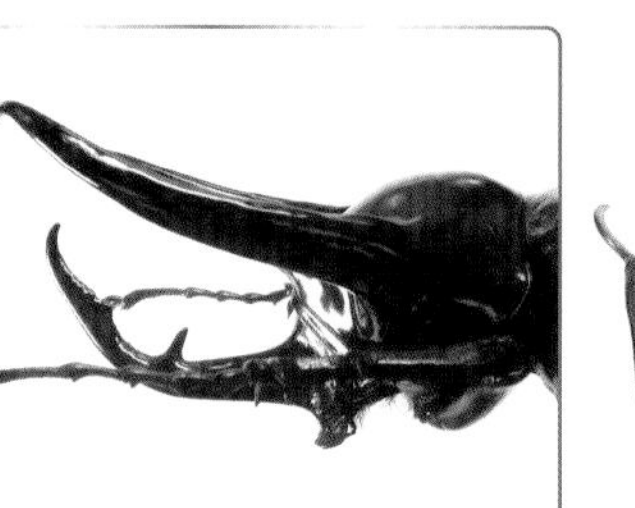

▲大型のオスは頭角に三角形状の突起が生えている

生息地のジャワ島では、東部でアルゴプーロ山、西部ではハリムン山で採集された標本がよく見られる。現地ではライトトラップが主な採集方法になっている。生体が日本に多く輸入されることも人気の理由のひとつだといえる。

原寸大
メス
体長：59.0mm
標本採集地
ジャワ島

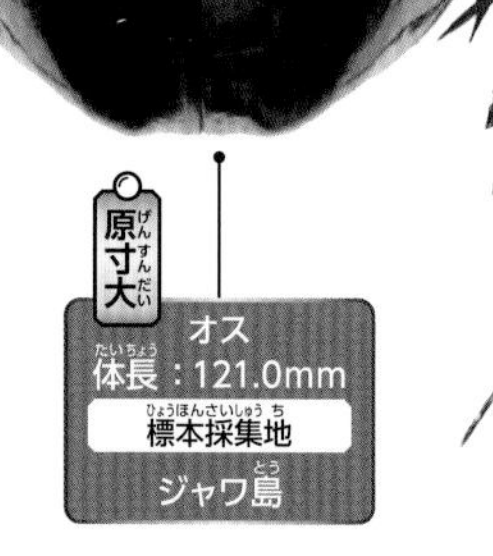

レア度 | ★★★★★

Dynastes satanas

サタンオオカブト

▲ボリビアのジャングルで見つけた特大型のオス

Data

ボリビア、ペルーに分布。オスの最大体長は129mm以上になる。南米の珍しいカブトムシ。

このカブトムシは最初に記載されたオス以降長い間見つからず、「幻のカブトムシ」と呼ばれていた。初めて生体が日本に輸入された時、大型のペアが100万円を超える高値で販売された。そのため「珍しく高額なカブトムシ」として人気が定着している。

レア度 | ★★☆☆☆

Dynastes grantii

グラントシロカブト

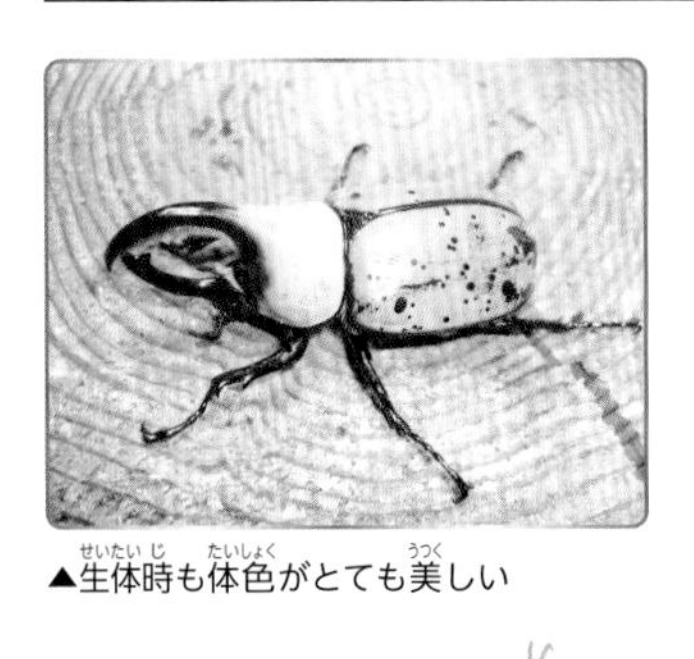

▲生体時も体色がとても美しい

Data

アメリカ合衆国、メキシコに分布。オスの最大体長は83mm以上になる。カブトムシ全種の中で、最も白い色をしている。

★第10位★ Beetles Ranking BEST 100

拡大写真
オス
体長：83.0mm
標本採集地
アメリカ・アリゾナ州

原寸大シルエット

原寸大
メス
体長：47.0mm
標本採集地
アメリカ・アリゾナ州

その体色から「白いカブトムシ」としてとても人気がある。アメリカではユタ、ニューメキシコ、アリゾナ、コロラド各州、メキシコではソノラ州などで標本が得られている。このカブトムシはアメリカの国立公園などにも生息しているが、公園内は採集禁止区域が多い。

レア度 ★★☆☆☆

Eupatorus gracilicornis gracilicornis

ゴホンツノカブト

第11位 Beetles Ranking BEST 100

Data

タイ、ミャンマー、ラオス、ベトナムに分布。オスの最大体長は104mm以上になる。

その名のとおり、胸部と頭部の合計で5本の角を持つことから、知名度と人気が高いカブトムシ。生息地では竹林で見つかることが多く、性格はおとなしく見た目ほどの凶暴さは無い。一度見たら忘れられない姿である。

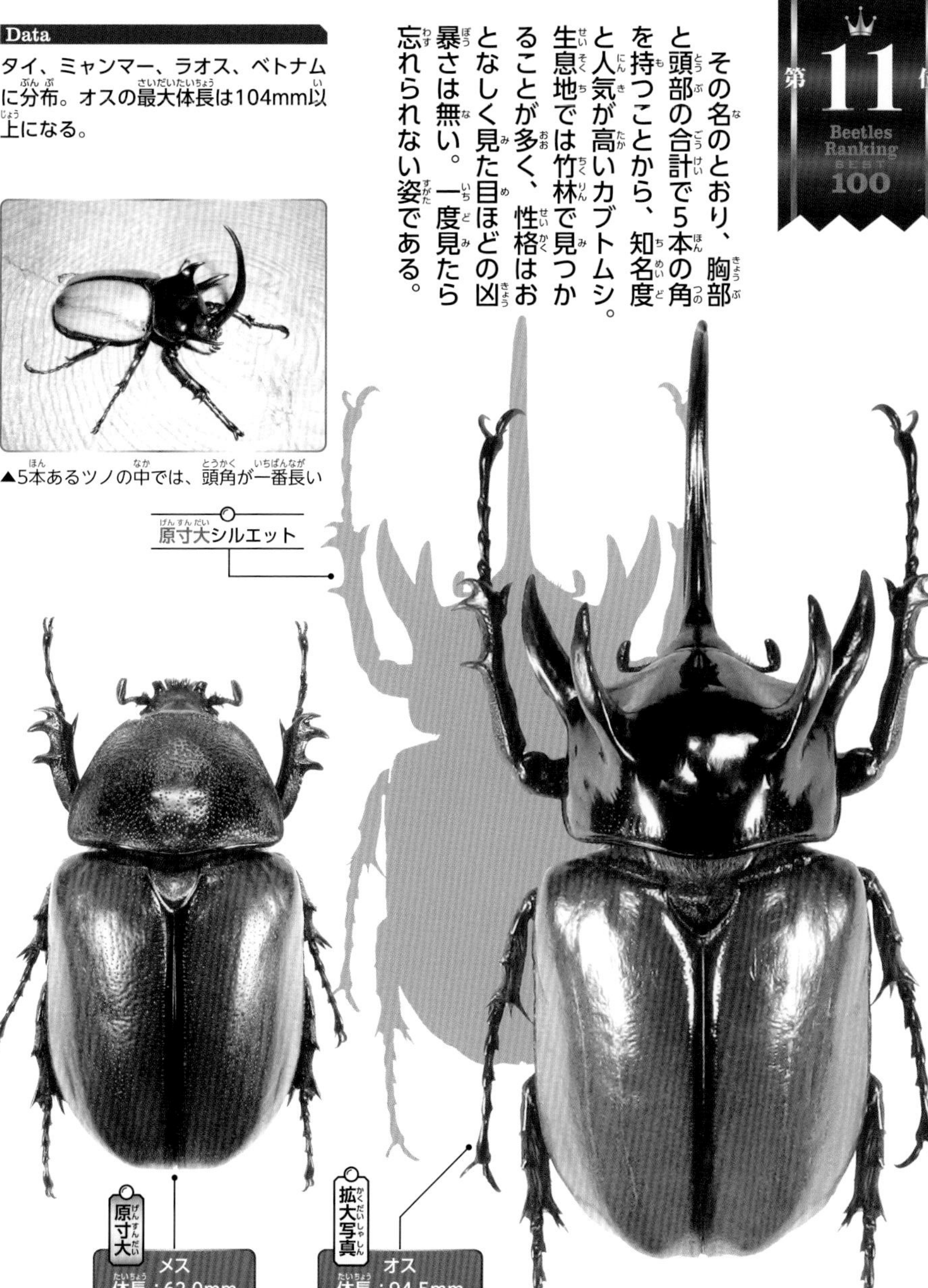

▲5本あるツノの中では、頭角が一番長い

レア度 | ★★☆☆☆

Megasoma elephas

エレファスゾウカブト

Data

メキシコ、パナマ、ホンジュラス、コスタリカなどに分布。オスの最大体長は144mm以上になる。ほぼ全身を覆うように、黄褐色の体毛が生えている。

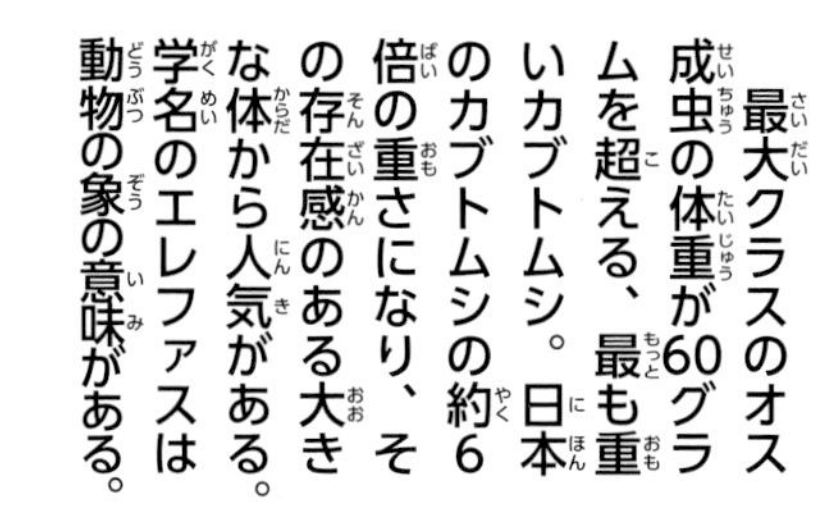

最大クラスのオス成虫の体重が60グラムを超える、最も重いカブトムシ。日本のカブトムシの約6倍の重さになり、その存在感のある大きな体から人気がある。学名のエレファスは動物の象の意味がある。

▲長い前足と大きなツメは、樹木の幹や枝につかまるのに適している

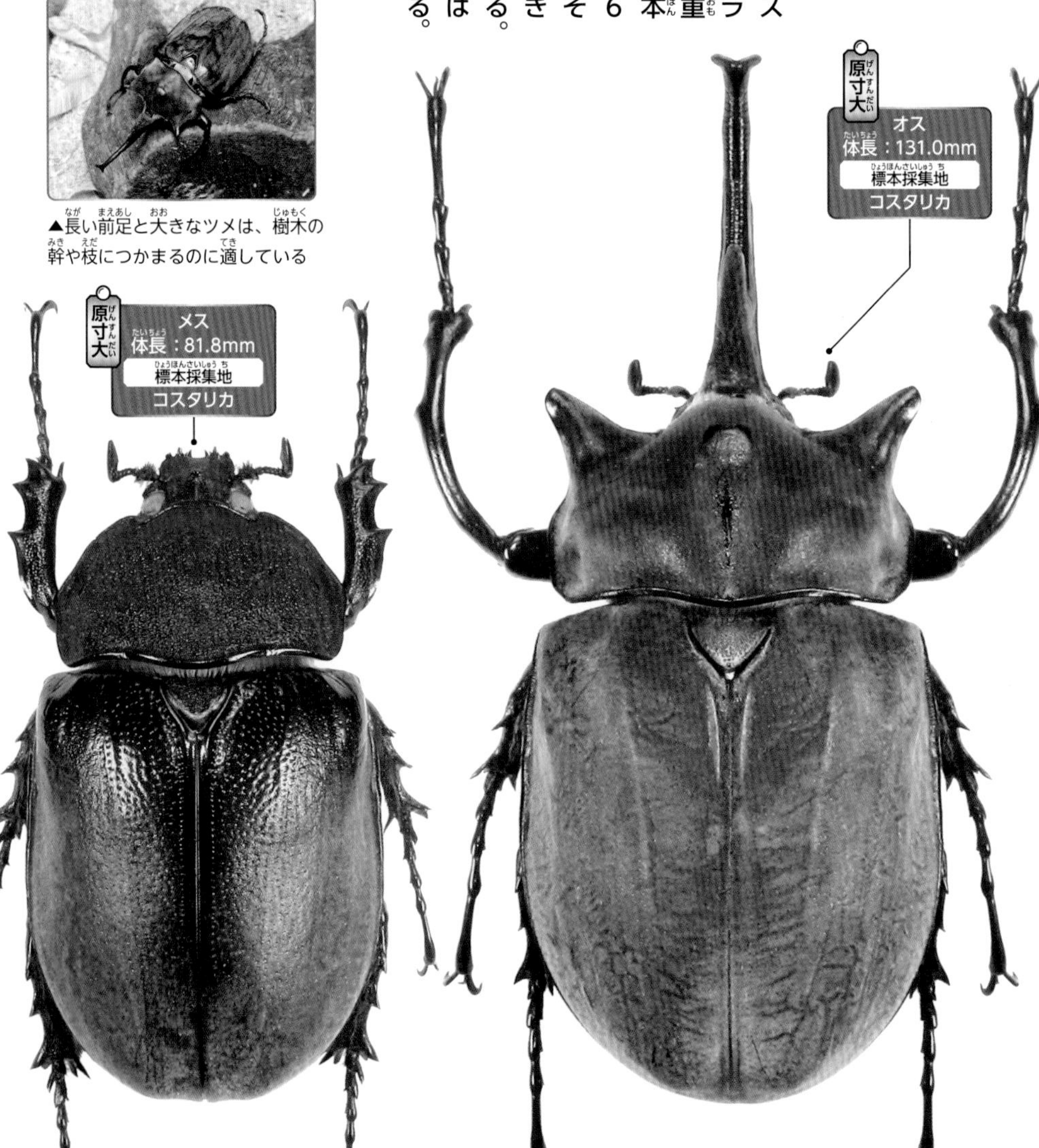

レア度 | ★★☆☆☆

Chalcosoma chiron janssensi

スマトラコーカサスオオカブト

第13位 Beetles Ranking BEST 100

Data

インドネシアのスマトラ島、ニアス島などに分布、オスの最大体長は133mm以上になる。

▲大型のオスは頭角の三角形状の突起が無いかあっても小さい

原寸大
オス
体長：131.0mm
標本採集地
スマトラ島

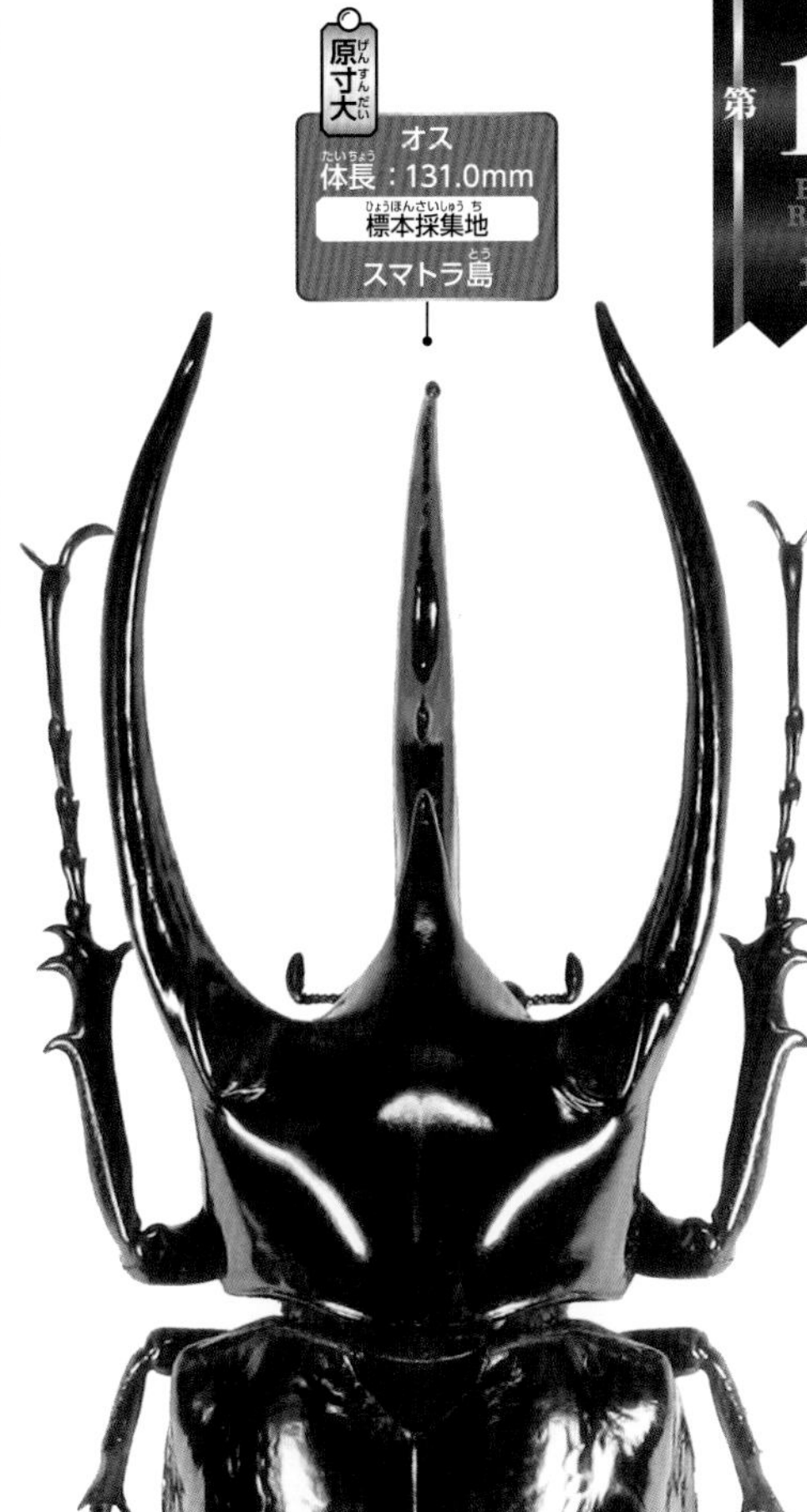

原寸大
メス
体長：61.5mm
標本採集地
スマトラ島

他のコーカサスと比較して、頭角が直線的に伸びる大型のオスが多い。アジア最大、最強のコーカサスオオカブトムシの仲間で、

もっとも大きくなるスマトラコーカサスがトップオブトップといえるだろう。

レア度 ★☆☆☆☆

Chalcosoma atlas keybon

ネシアアトラスオオカブト

昆虫ショップやホームセンターのペットコーナーで見かける機会が多い外国産カブトムシだ。年間の輸入量がとても多く、販売価格も安価であり、入手がしやすいところも親しまれる理由となっている。

Data

マレー半島、スマトラ島、ボルネオ島などに分布。オスの最大体長は101mm以上になる。胸角が円を描かず直線的な大型のオスが多い。

▲3本のツノ以外に、鋭いツメも戦う時の武器となる

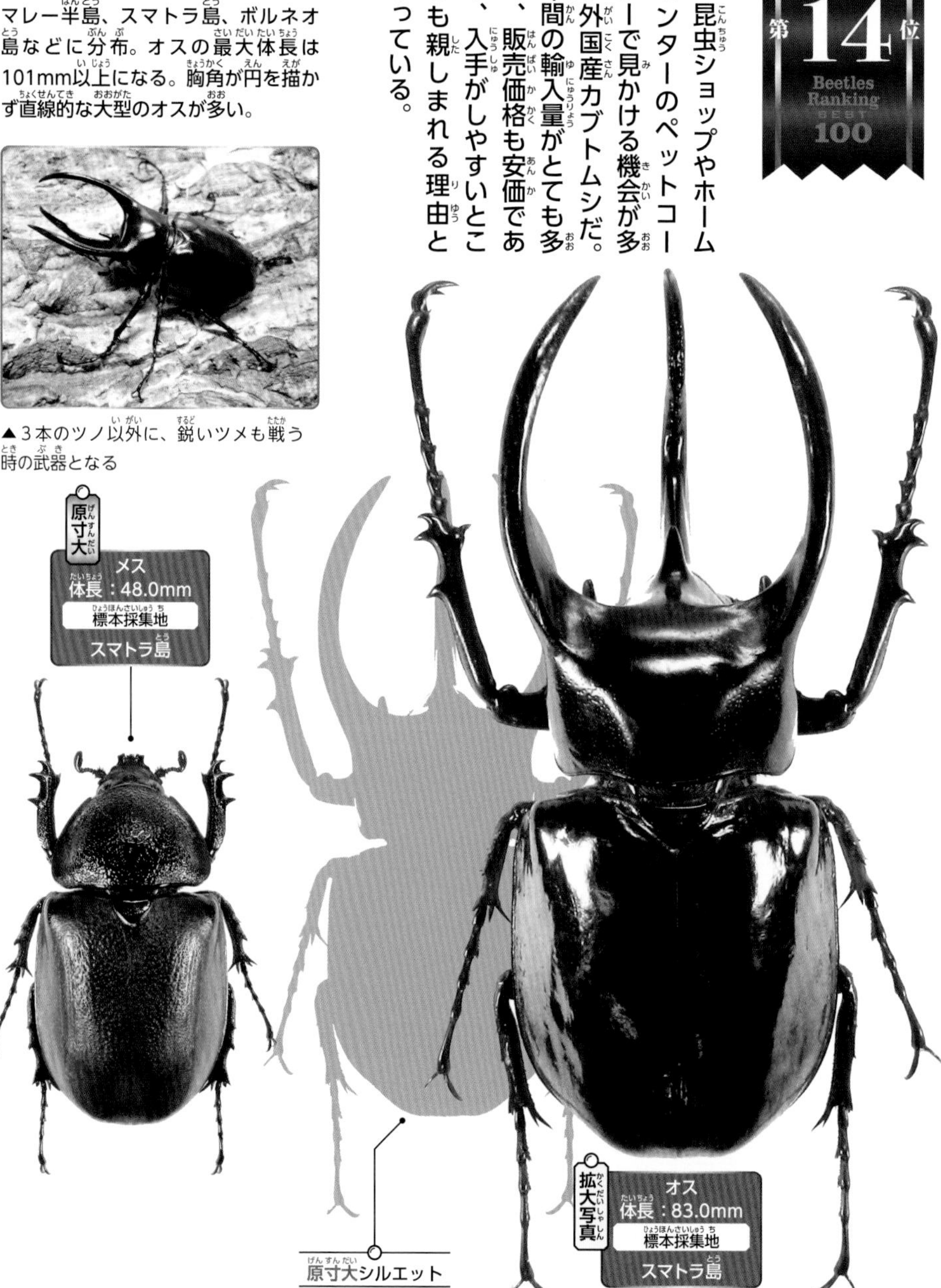

レア度 | ★★☆☆☆

Dynastes hyllus

ヒルスシロカブト

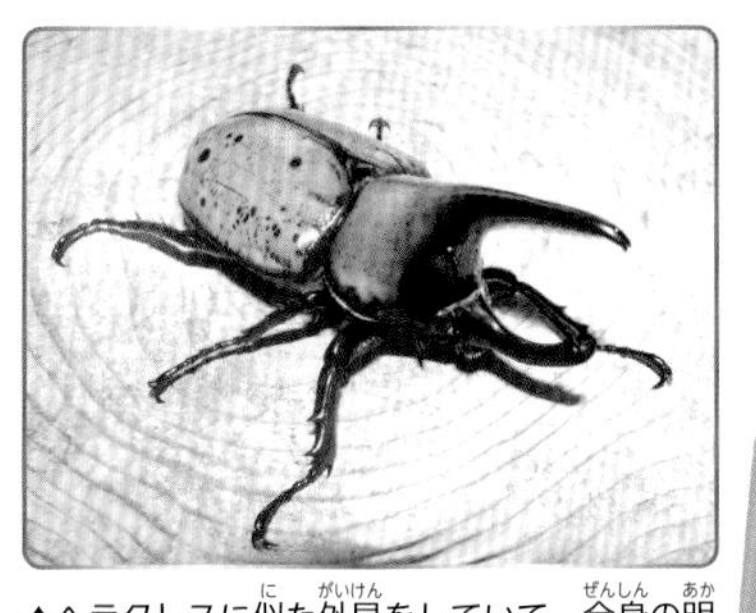

▲ヘラクレスに似た外見をしていて、全身の明るい黄褐色が美しい

Data

メキシコに分布。オスの最大体長は97mm以上になる。ヒルスシロカブトの原名亜種で、シロカブトの仲間では最大級の大きさになる。

原寸大シルエット

原寸大
メス
体長：66.0mm
標本採集地
メキシコ

拡大写真
オス
体長：97.0mm
標本採集地
メキシコ

ヒルスシロカブトが分布するメキシコには、その亜種も数種類生息している。なかでもヒルスシロカブトは最大体長が97㎜以上と一番大きくなる。生体が日本に入荷したことがあり、現在では人工飼育で羽化した個体を入手可能となっている。このように生体を直に見ることができるのも、人気が高い理由だ。

レア度 | ★★☆☆☆

Megasoma rex

レックスゾウカブト

Data

ペルー、エクアドル、コロンビア、ブラジルなどに分布。オスの最大体長は135mm以上になる。重厚な体つきはまさに「ジャングルの重戦車」のようである。

第16位 Beetles Ranking BEST 100

▲南米エクアドルで倒木上にいる120mmを超えるオス。見るからに重量感がある

成虫も大きいが、その幼虫も200グラム以上の体重に育つ大きさになる。成虫の体色は艶消しの黒色で、そこが他のゾウカブトと見分けるポイントにもなっている。まさに「大きくて力強い」印象のゾウカブトだ。

原寸大

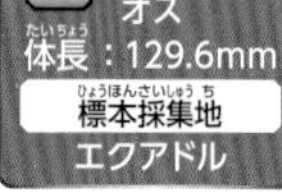

オス
体長：129.6mm
標本採集地
エクアドル

縮小写真

メス
体長：86.0mm
標本採集地
エクアドル

原寸大シルエット

レア度 | ★★☆☆☆

Chalcosoma atlas hesperus

フィリピンアトラスオオカブト

Data

フィリピン群島に分布、オスの最大体長は108mm以上になる。アトラスオオカブトの仲間では最大クラスの大きさになる。

大型のオスは胸角が美しい円を描くように伸び、その形の良さからアトラスの仲間では人気が高い。分布域の中では、特に大型になる傾向があるミンダナオ島産が注目されている。

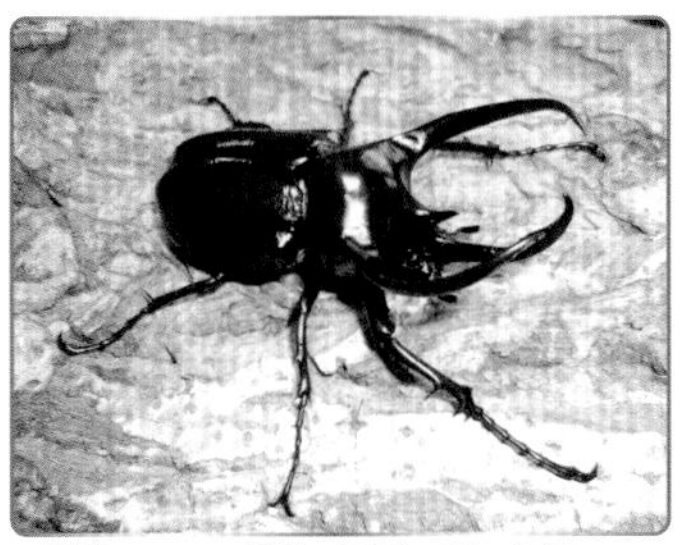

▲大型のオスは頭角と胸角が長く発達する

原寸大
メス
体長：55.0mm
標本採集地
フィリピン・
ミンダナオ島

原寸大
オス
体長：100.5mm
標本採集地
フィリピン・
ミンダナオ島

レア度 ★★☆☆☆

Golofa porteri

ポルテリータテヅノカブト

成虫は竹林の中で群れで生活し、竹の茎に傷をつけてそこから出る汁を餌にしている。メスや餌の縄張りを巡り、長い前足とノコギリ状の頭角、上に伸びた胸角を使って戦う。カブトムシの中でも一風変わったその姿に、人気の理由があると思われる。

Data

ペルー、ベネズエラ、コロンビアに分布。オスの最大体長は100mm以上になり、タテヅノカブトの仲間では最大になる。ノコギリタテヅノカブトとも呼ばれる。

▲頭角はノコギリ状になり、胸角は長く上に向かい伸びる

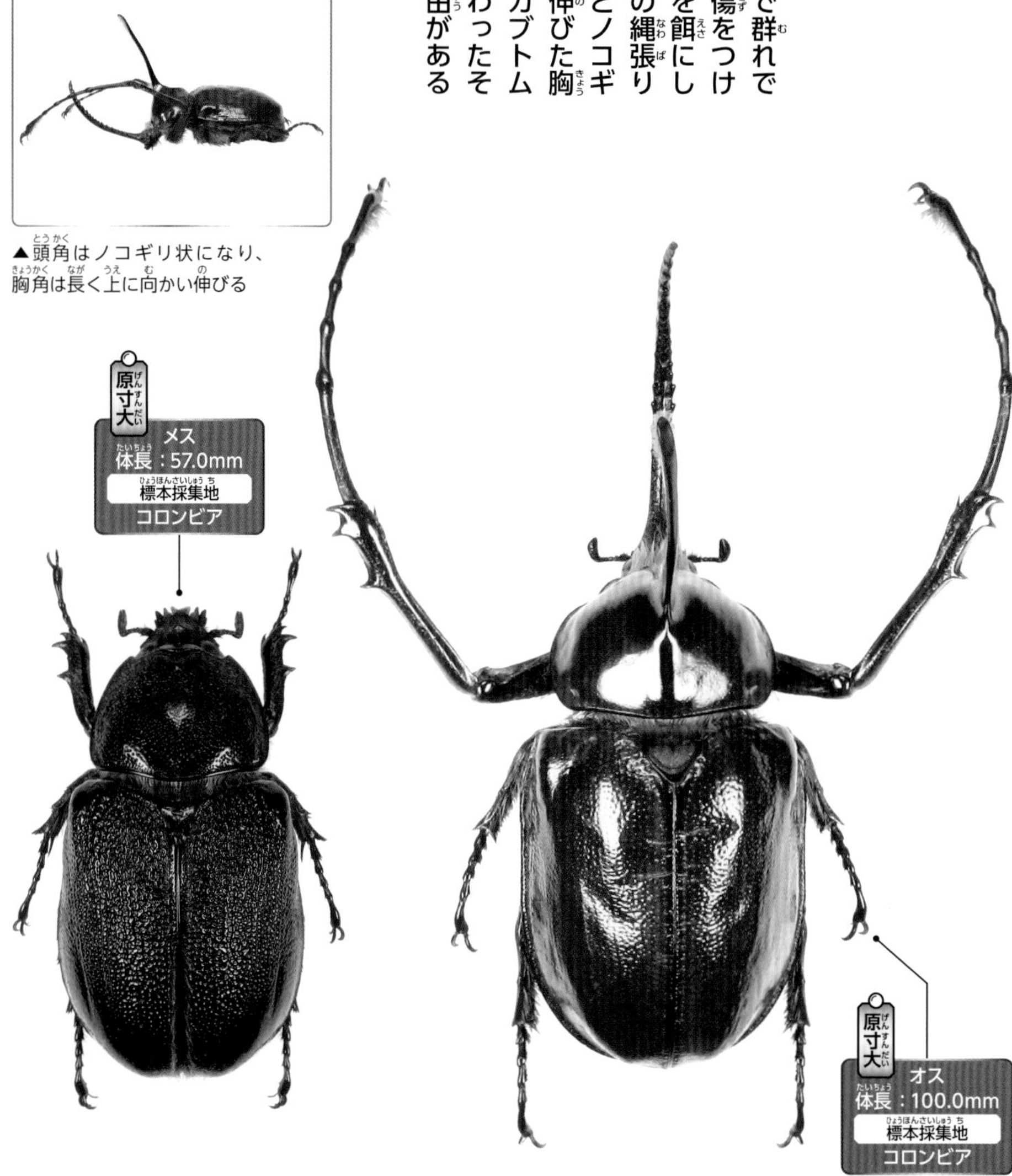

レア度 | ★★★☆☆

Megasoma mars

マルスゾウカブト

第19位 Beetles Ranking BEST 100

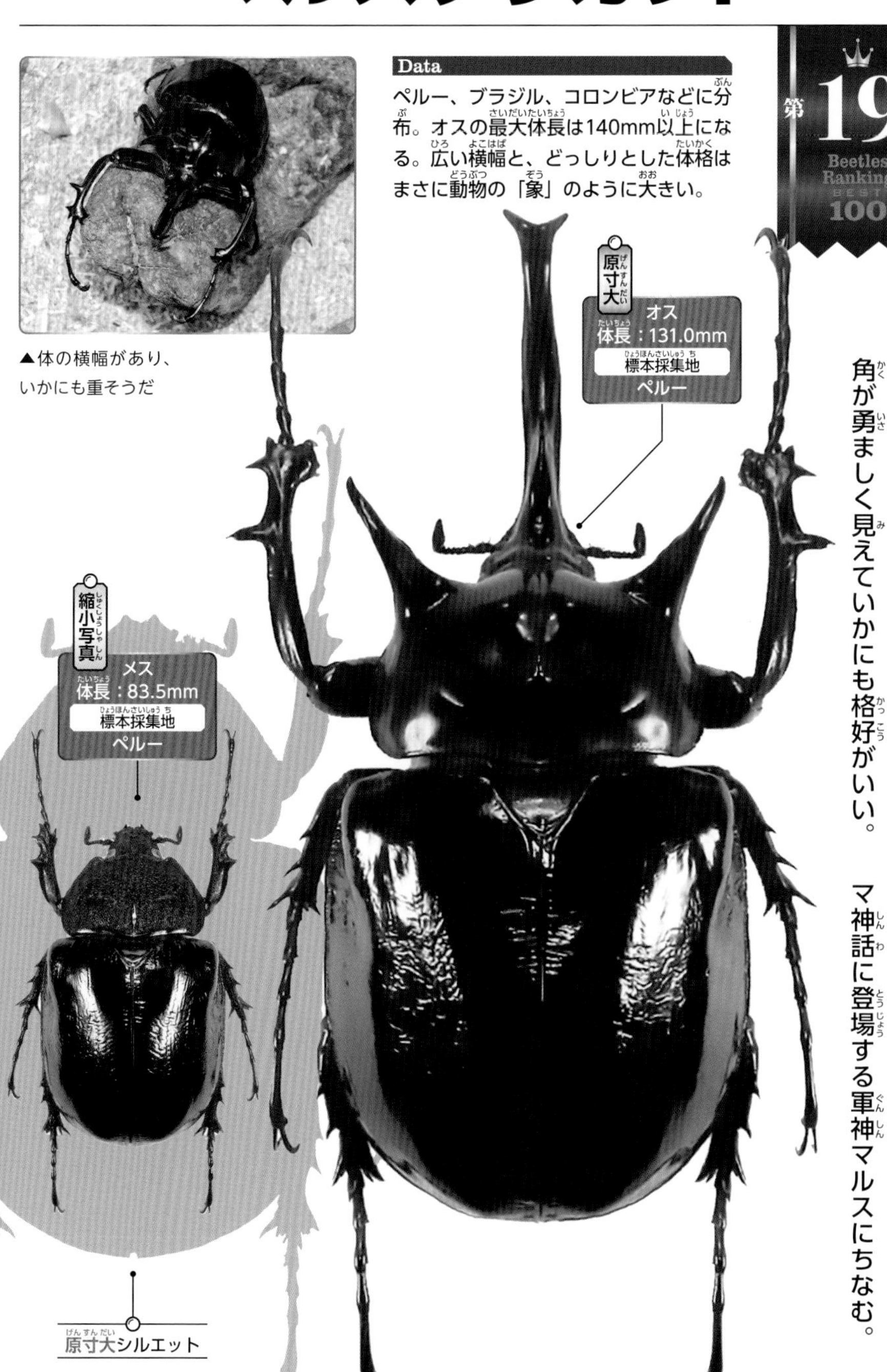

▲体の横幅があり、いかにも重そうだ

Data

ペルー、ブラジル、コロンビアなどに分布。オスの最大体長は140mm以上になる。広い横幅と、どっしりとした体格はまさに動物の「象」のように大きい。

オスは胸部の左右から斜め前方に、突き出たように2本の角が生えている。その胸角が勇ましく見えていかにも格好がいい。

アマゾン川の上流など奥深いジャングル地帯に生息しており、種名の「マルス」はローマ神話に登場する軍神マルスにちなむ。

レア度 ★★☆☆☆

Chalcosoma atlas atlas

アトラスオオカブト

アトラスオオカブトは、胸角が太く形もよく、特に体が大きくなるオスが多い。また、原名亜種ということもあり人気が高い。種名はギリシャ神話に登場する巨神で、神罰により天空を肩にかつがされたというアトラースにちなむ。

Data

インドネシアのスラウェシ島、サンギヘ諸島、トギアン諸島に分布。オスの最大体長は108.5mm以上になる。

◀大型のオスでも、頭角にコーカサスのような突起は生えない

レア度 | ★★☆☆☆

Chalcosoma chiron belangeri

タイリクコーカサスオオカブト

Data

タイ、ベトナム、ミャンマー、ランカウイ島などに分布。オスの最大体長は124mm以上になる。もっとも広範囲に生息するコーカサスである。

マレーコーカサスオオカブトに似ているが、マレーコーカサスのように胸角が美しい円を描かず楕円状に伸びている。他のコーカサスは島に分布するが、タイリクコーカサスはその名のとおり大陸に生息している。

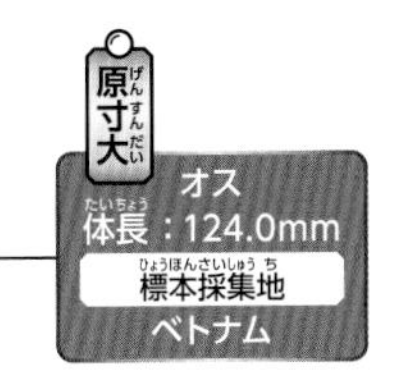

▲大型のオスは頭角の三角形状の突起が無いか、あっても小さい

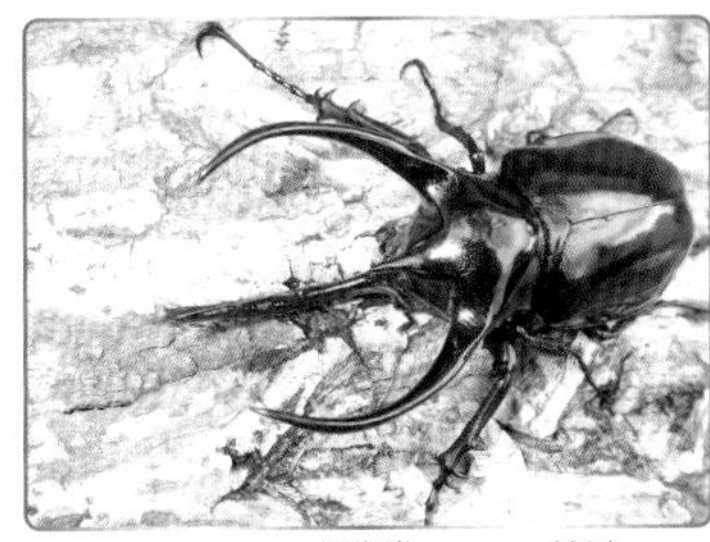

▲120mmを超える特大型のオスは風格があり、いかにも強そうだ

レア度 ★★☆☆☆

Chalcosoma moellenkampi

モーレンカンプオオカブト

Data

ボルネオ島、ラウト島に分布。オスの最大体長は112mm以上になる。長い頭角と太い2本の胸角で戦う。

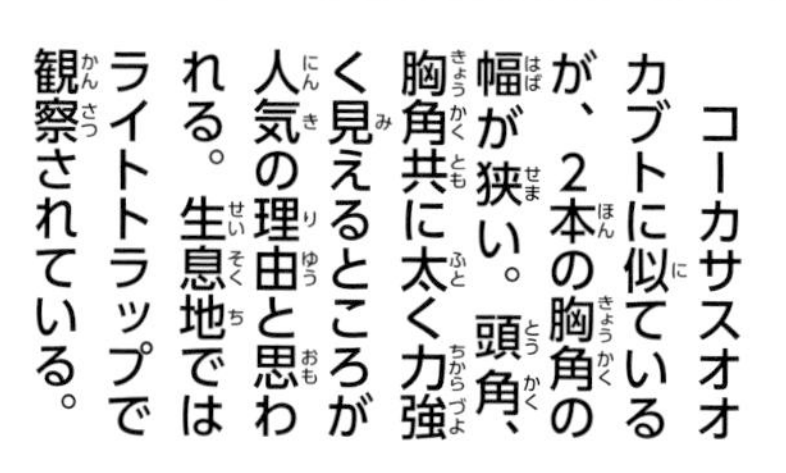
コーカサスオオカブトに似ているが、2本の胸角の幅が狭い。頭角、胸角共に太く力強く見えるところが人気の理由と思われる。生息地ではライトトラップで観察されている。

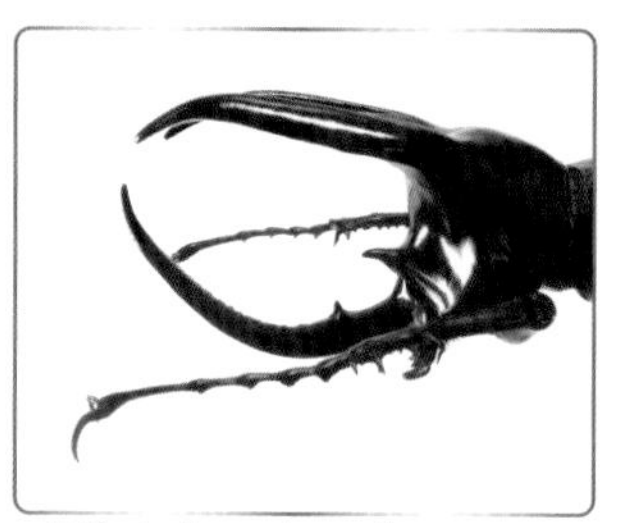

▲頭角の突起は体寄りに生えている

レア度 | ★☆☆☆☆

Dynastes tityus

ティティウスシロカブト

灰白色や明るい黄土色の体色が美しく、丸い体が愛らしいシロカブト。大人しそうに見えるが、一度闘志に火が付くと頭と胸の角で勇敢に戦う。

Data

アメリカ合衆国東部に広く分布。オスの最大体長は75mm以上になる。Dynastes(ヘラクレスオオカブト)属では一番小型になる。

▲明るい黄土色を帯びた体色が美しい

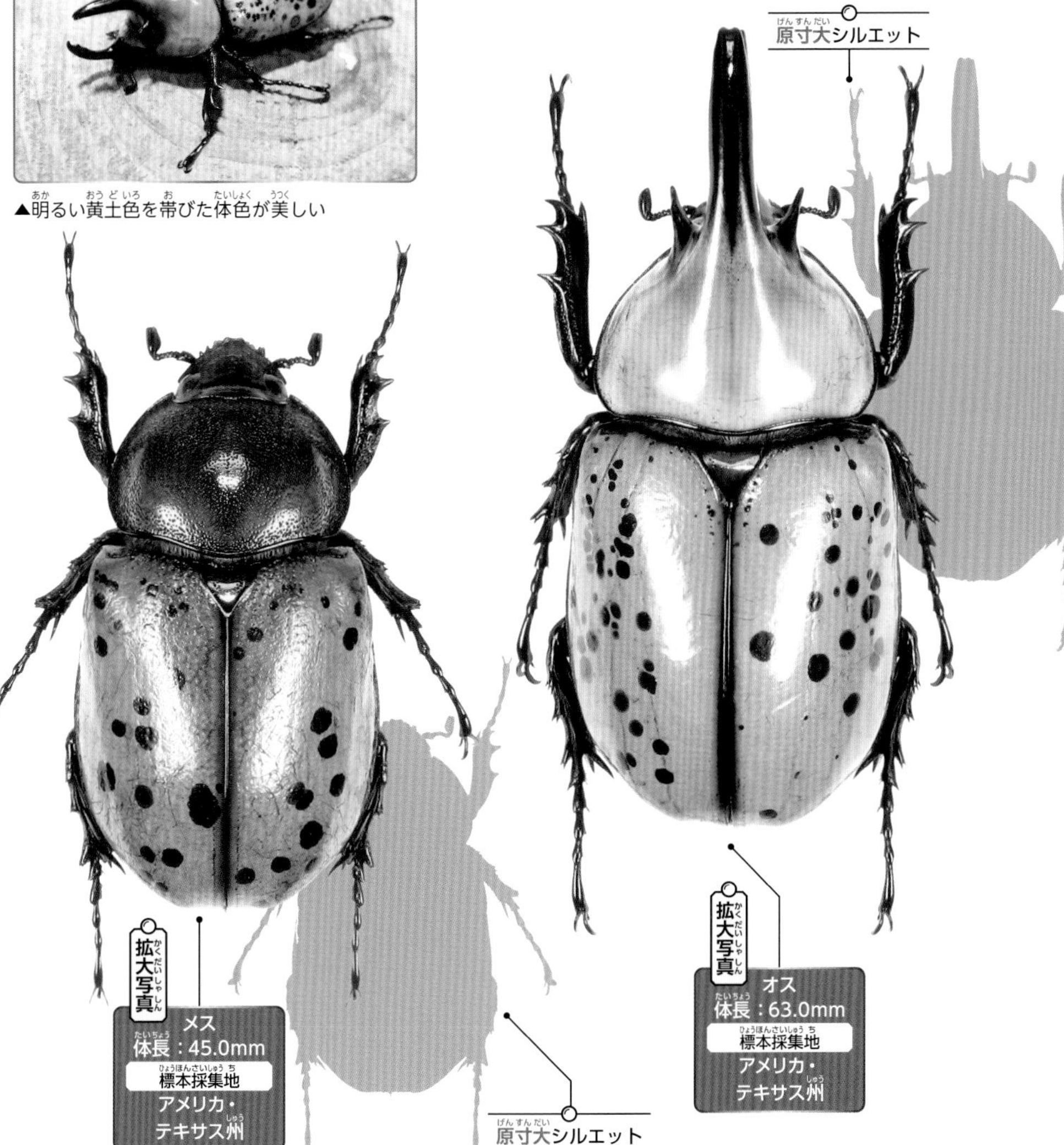

レア度 ★★☆☆☆

Eupatorus hardwickii

ヒメゴホンツノカブト

第24位
Beetles Ranking 100

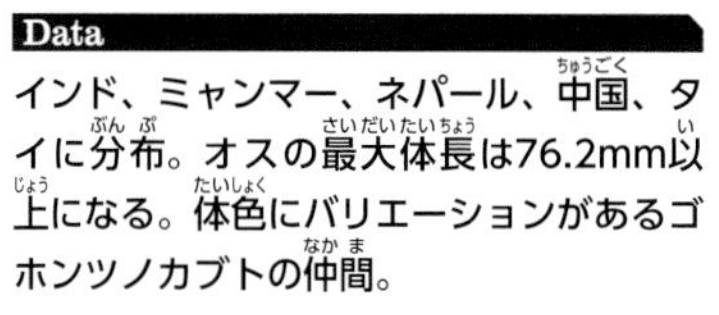

Data

インド、ミャンマー、ネパール、中国、タイに分布。オスの最大体長は76.2mm以上になる。体色にバリエーションがあるゴホンツノカブトの仲間。

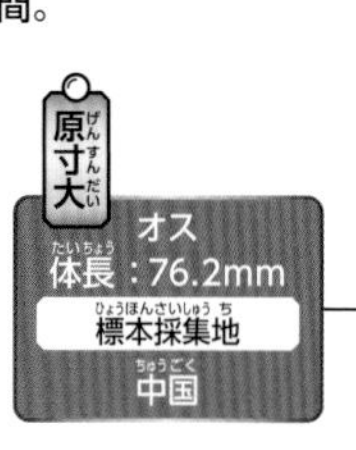

原寸大
オス
体長：76.2mm
標本採集地
中国

原寸大
オス
体長：74.6mm
標本採集地
インド

原寸大
メス
体長：57.0mm
標本採集地
ミャンマー

前ばねが「茶色」「黒色」「黒色とヘリの部分に黄褐色が入るツートンカラー」の3パターンがあり、メスも同じパターンの色をしていることから、標本で全色を集めるというコレクションの楽しさもある人気種となっている。

レア度 ｜ ★★★★☆

Agaocephala margaridae

オオカラカネヒナカブト

Data

ブラジルに分布、オスの最大体長は50.5mm以上になる。ヒナカブトの中でも大きな頭角を持つ種類。

このカブトムシが発見された生息地の森が開発により消失し、その後は絶滅したと考えられ「幻のヒナカブト」と呼ばれていた。しかし近年、新しい生息地が見つかり日本に生体が入荷している。現在ではマルガリータヒナカブトという和名で、人工飼育個体が販売されている。

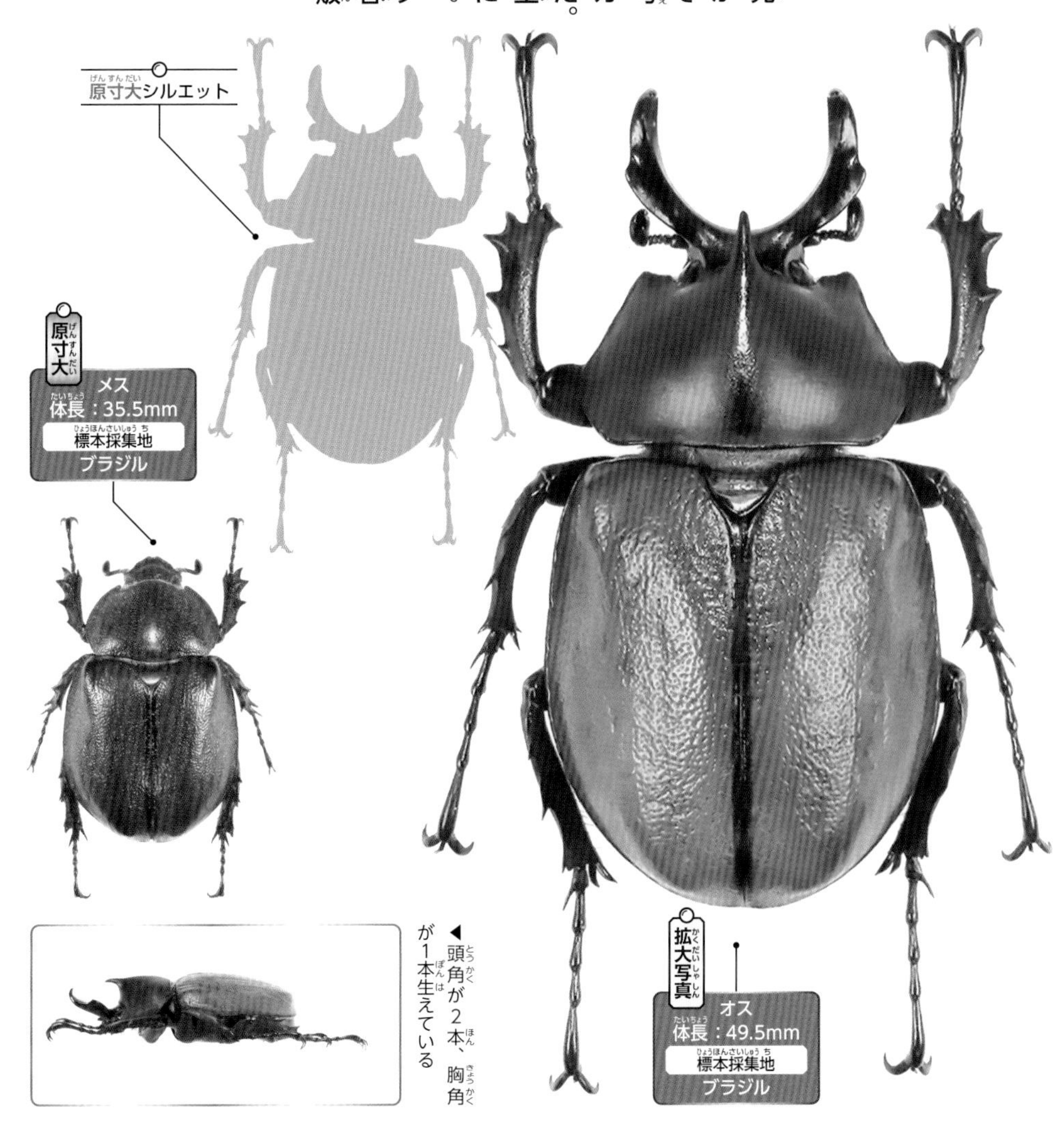

◀頭角が2本、胸角が1本生えている

レア度 ★★★☆☆

Golofa claviger claviger

クラビゲールタテヅノカブト

大きな傘のような角を持つ大型のオスの姿は、一度見たら忘れられないのではないだろうか？　この奇妙な姿はいやがおうでも人を惹きつける。エクアドルでは毎年二度に渡り成虫の活動期を迎えるが、野外でメスを見つけるのは困難である。

Data

エクアドル、ペルー、コロンビアなどに分布。オスの最大体長は75mm以上になる。胸角の先が三股の傘状になる。

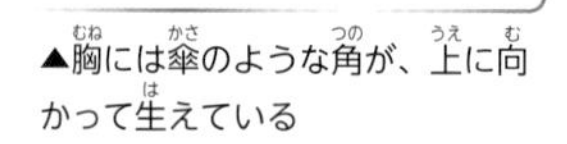

▲胸には傘のような角が、上に向かって生えている

原寸大シルエット

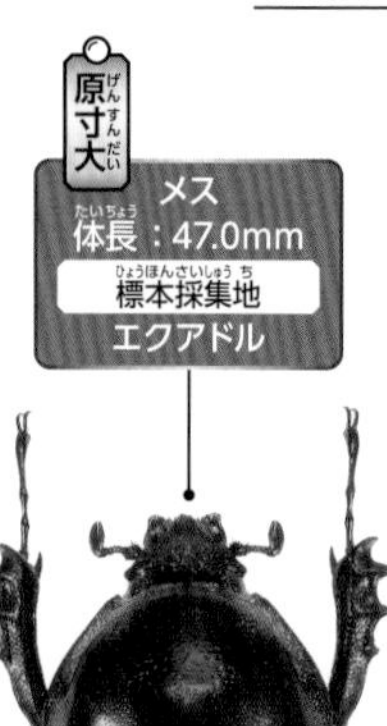

レア度 ★★☆☆☆

Dynastes maya

マヤシロカブト

Data

メキシコ、ホンジュラスなどに分布。オスの最大体長は95mm以上になる。ヒルスシロカブトよりも前胸が黒ずむ個体が多い。

前胸が黒いオスはヘラクレスの小型にも見えるが、大型のオスは頭角に突起が集まった角が生える。またはオノの刃のような突起が生えるなどの違いが出てくるが、突起が生えない個体もいる。90㎜を超える大型になるところに人気の理由があると思われる。

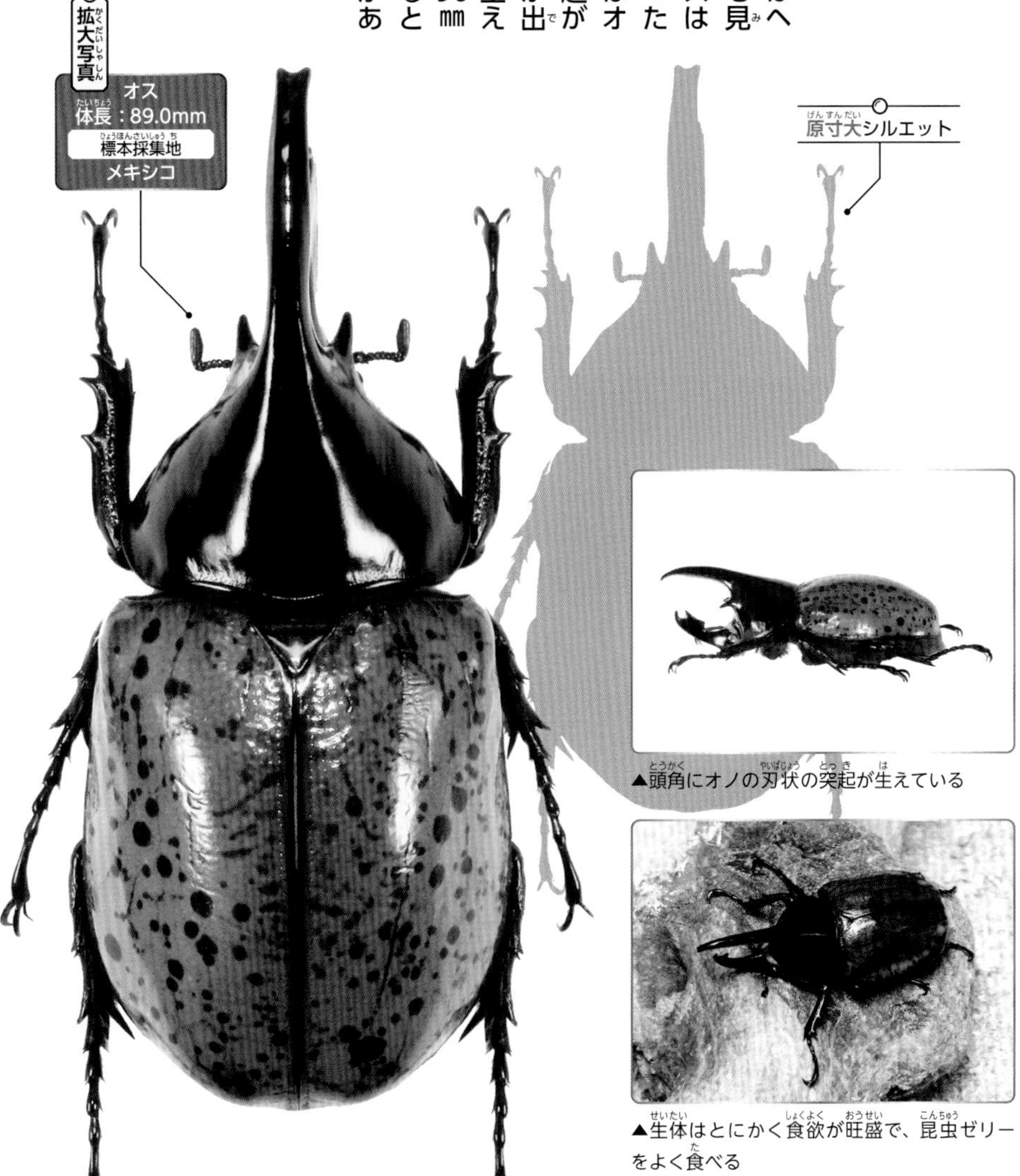

▲頭角にオノの刃状の突起が生えている

▲生体はとにかく食欲が旺盛で、昆虫ゼリーをよく食べる

レア度 ★☆☆☆☆

Augosoma centaurus

ケンタウルスオオカブト

「アフリカの大型カブトムシといえば、ケンタウルスオオカブト」と言われるほど知名度が高い。このカブトムシの成虫はアフリカの熱帯雨林で昼夜活動している。種名はギリシャ神話の半身半馬の怪物ケンタウルスにちなむ。

Data

アフリカ中央部に分布、オスの最大体長は90mm以上になる。アフリカ大陸最大のカブトムシ。

▲頭部に1本、胸部に3本の角が生えている

原寸大シルエット

原寸大
メス
体長：59.5mm
標本採集地
カメルーン

拡大写真
オス
体長：90.0mm
標本採集地
カメルーン

レア度 | ★★☆☆☆

Eupatorus birmanicus

ビルマゴホンツノカブト

胸部に4本、頭部に1本の角があるゴホンツノカブトの仲間。上に伸びた2本の胸角は、動物のウサギの耳に見えることから「ウサミミカブト」とも呼ばれ人気がある。ビルマとはミャンマーの旧名で、ミャンマーのゴホンツノカブトという意味。

Data

ミャンマー、タイに分布。オスの最大体長は65mm以上になる。上に伸びた2本の胸角に最大の特徴がある。

▲オスの胸角はウサギの耳に見える

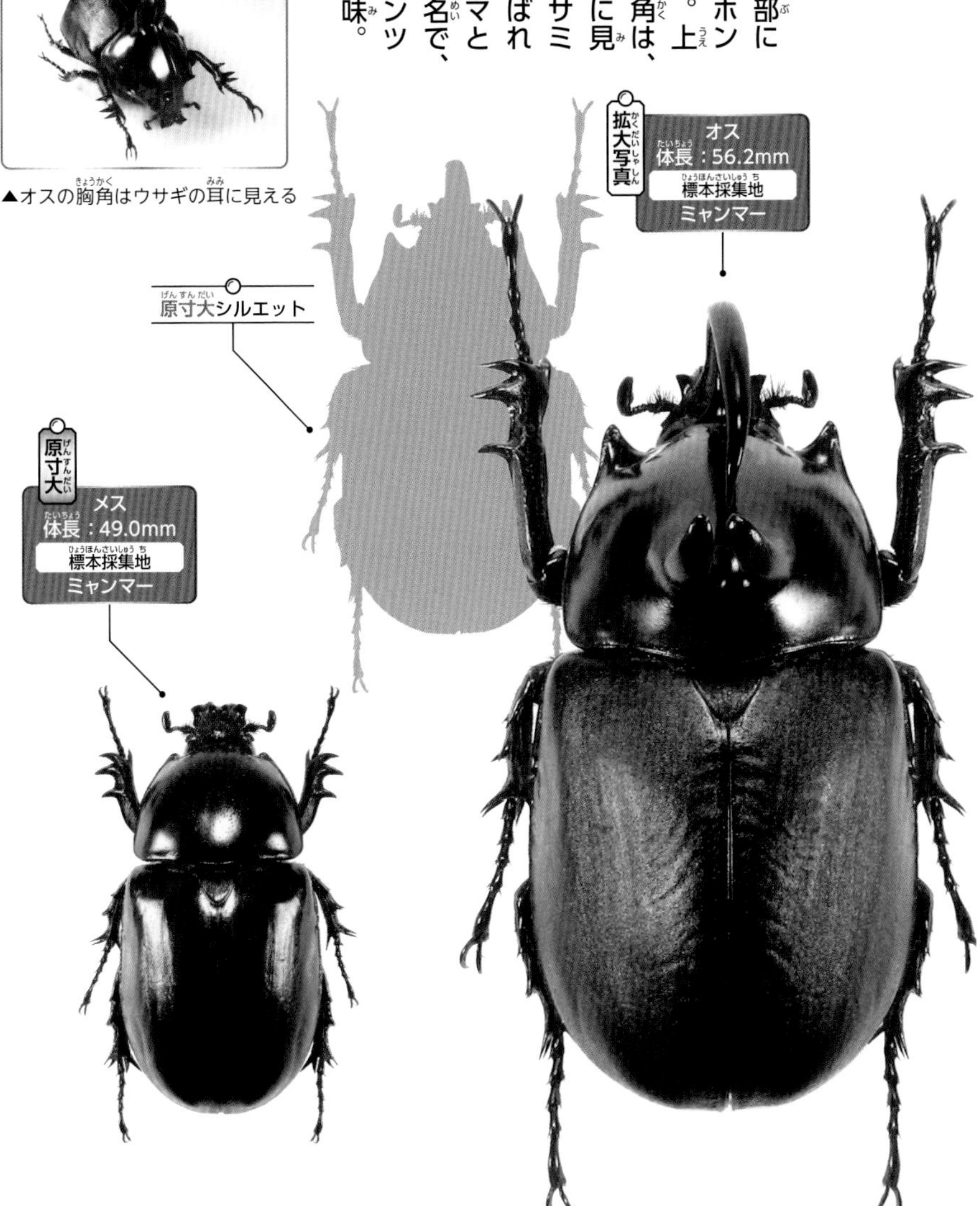

レア度 ★★★★☆

Strategus centaurus

ケンタウルスミツノサイカブト

Data

パラグアイ、ブラジル、アルゼンチンなどに分布。オスの最大体長は90mm以上になる。黒い光沢と、ガッチリとした体格を持つ南米の大型サイカブト。

別名「オバケアメリカミツノサイカブト」と呼ばれ、その姿と大きさはまさに「おばけ」のようなサイカブトムシ。それ故に人気も高い。現在、生息数が減っていて珍しいカブトムシの部類に入っている。

▲大型のオスは胸角が長く大きくなる

原寸大
メス
体長：58.5mm
標本採集地
ブラジル

拡大写真
オス
体長：82.5mm
標本採集地
ブラジル

レア度 | ★☆☆☆☆

Dipelicus cantori

オオゴカクマルカブト

Data

インドネシアのスラウェシ島、スマトラ島などに分布。オスの最大体長は42mm以上になる。小型が多いマルカブトの中では大型種。

このカブトムシは生体がインドネシアから入荷し、人工飼育の生体も販売されることがある。10㎝を超えるような大きさにはならないが人気がある。特撮ヒーローものに登場する怪獣のような姿が、その理由と思われる。

▲前胸が大きくへこんだ姿は印象的だ

レア度 ★★★☆☆

Megasoma anubis

アヌビスゾウカブト

他の大型ゾウカブトより小さいが、前ばねに縦筋が入ったような独特の体毛のせいか人気種となっている。種名のアヌビスとは、エジプト神話で冥界の神とされる半獣の死神の名である。胸角が日本のカブトムシのオスとよく似ている。

Data

ブラジル、アルゼンチン、パラグアイに分布。オスの最大体長は85mm以上になる。

▲全身に明るい黄土色の体毛が生え風格を感じさせる

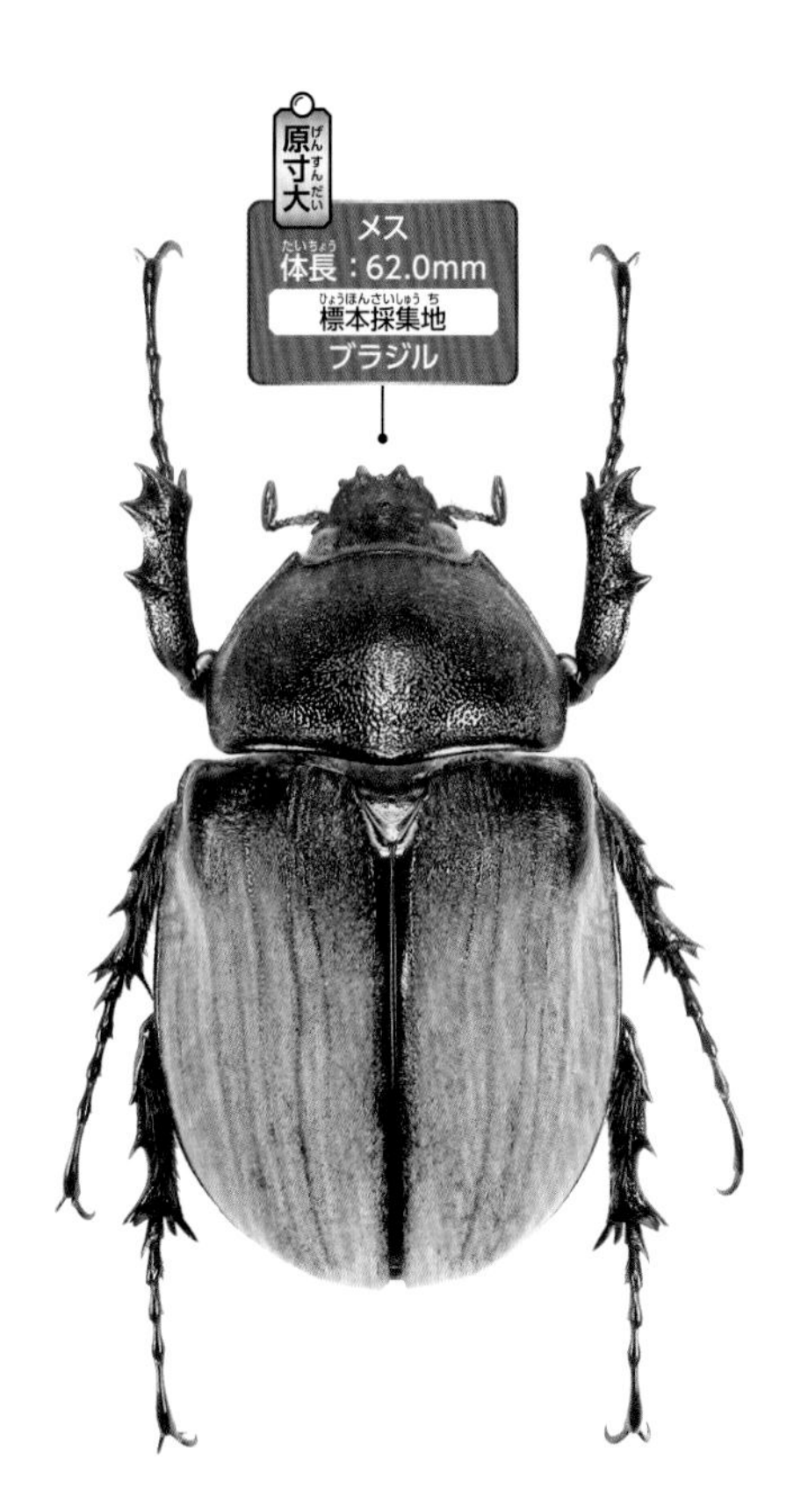

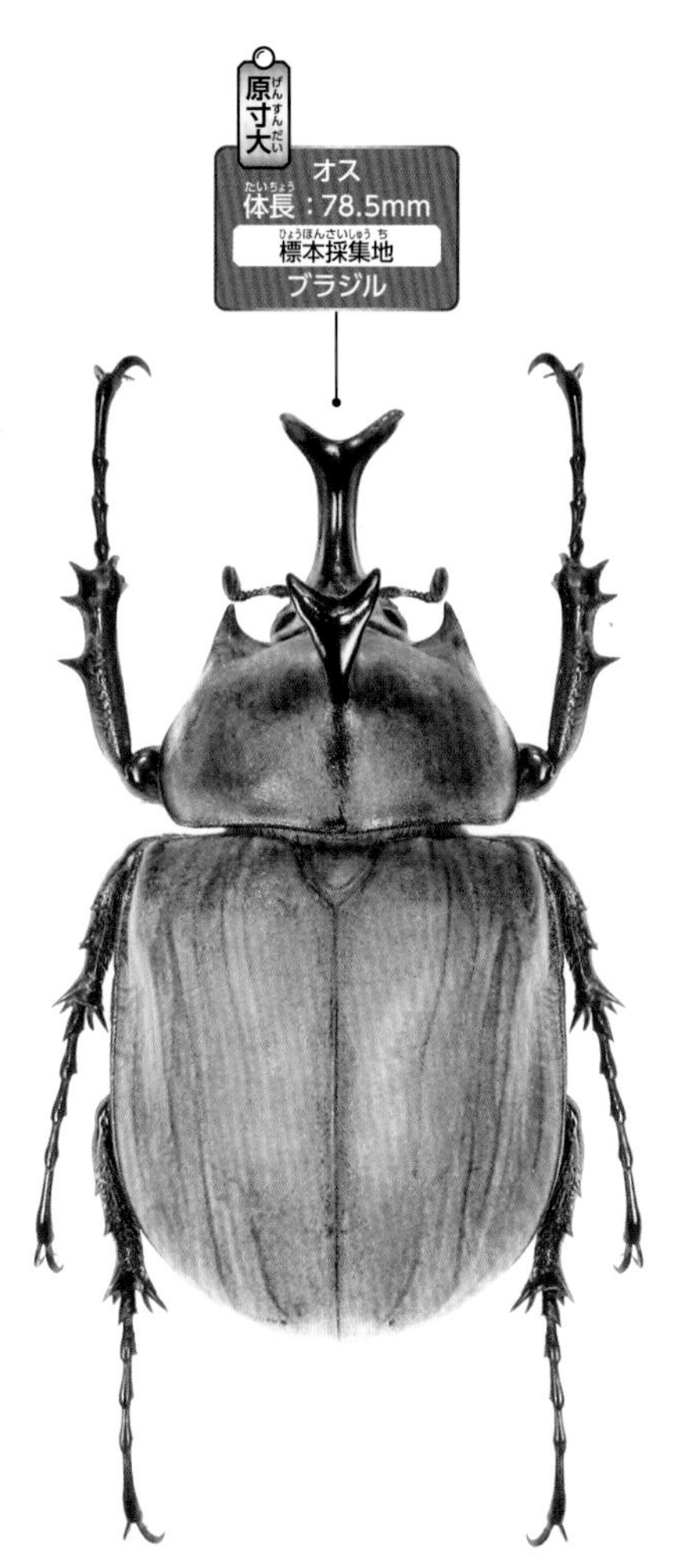

レア度 | ★★☆☆☆

Megasoma occidentale

オキシデンタレゾウカブト

Data

メキシコに分布。オスの最大体長は120mm以上になる。胸角は左右に平行に伸びる特徴がある。

▲明るい黄土色の体色が美しい

エレファスゾウカブトに似ているが、前ばねが灰白色や明るい黄土色を帯び、エレファスより明るく美しく感じられる。メキシコ北西部の西海岸地域に多く生息する。

レア度 ★★★☆☆

Podischnus oberthueri

オーベルチュールアシナガサイカブト

第34位 Beetles Ranking BEST 100

Data

ペルー、ボリビア 、エクアドルに分布。オスの最大体長は43.5mm以上になる。エクアドルでは珍しいカブトムシ。

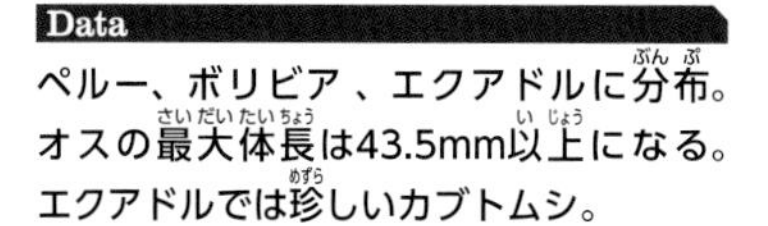

▲横から見ると長い頭角が生えているのがわかる

▲エクアドルのピンドの中で見つけた大型のオス

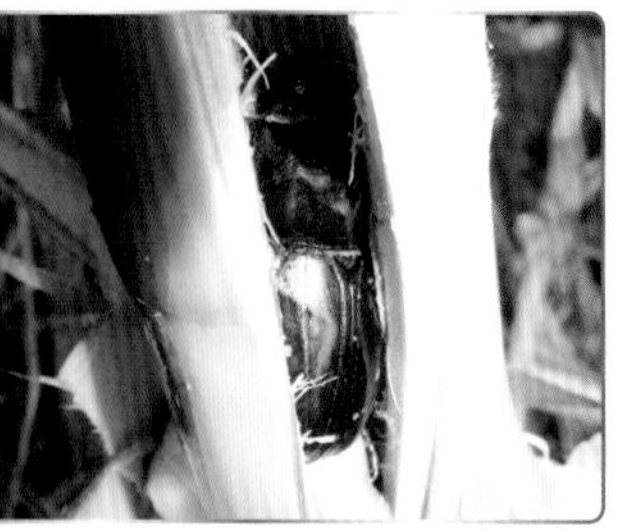

原寸大シルエット

筆者が南米エクアドルに昆虫観察旅行に行った時、ジャングルの中で初めて観察できたのが、このカブトムシだった。現地で「ピンド」と呼ばれる竹に似た植物の幹に巣を作るという面白い習性がある。テレビの自然番組でも紹介されて人気が出た。

レア度 | ★★☆☆☆

Mitracephala humboldti

フンボルトコツノヒナカブト

胸部と頭部に角を持ち、赤褐色の前ばねが美しいことから人気がある。前足の爪は大きく発達し、戦いの時の武器にもなる。筆者はエクアドルで、街灯の明かりに飛来した、このカブトムシの特大のオスを観察できた。

Data

ペルー、エクアドル、ボリビア、コロンビアに分布、オスの最大体長は53.5mm以上になる。ヒナカブトの仲間では最大の大きさである。

▲外見はおとなしそうに見えるが、太い前足の力は強い

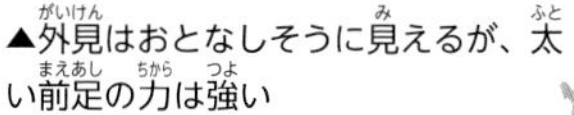

原寸大シルエット

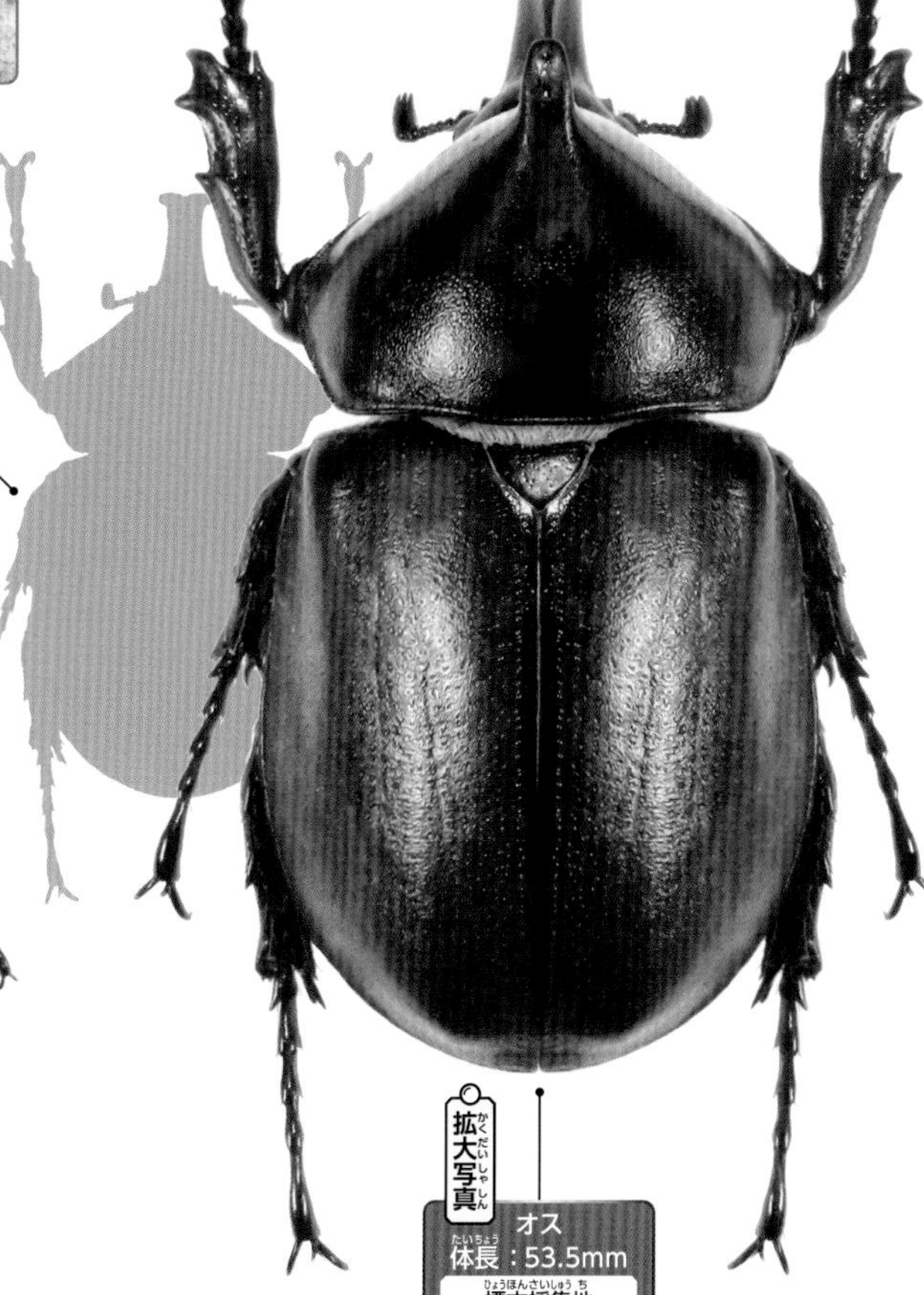

レア度 ★★★☆☆

Megasoma janus janus

ヤヌスゾウカブト

Data

ブラジル、パラグアイに分布。オスの最大体長は118mm以上になる。ヤヌスゾウカブトの原名亜種。

▲重くて強いカブトムシという印象の体格をしている

レックスゾウカブトやアクタエオンゾウカブトに似ているが、ヤヌスのほうが体に強い光沢があり、外見で区別できる。大型のオス標本が日本国内に入って来る機会が少なく、その希少性も人気を煽っている。

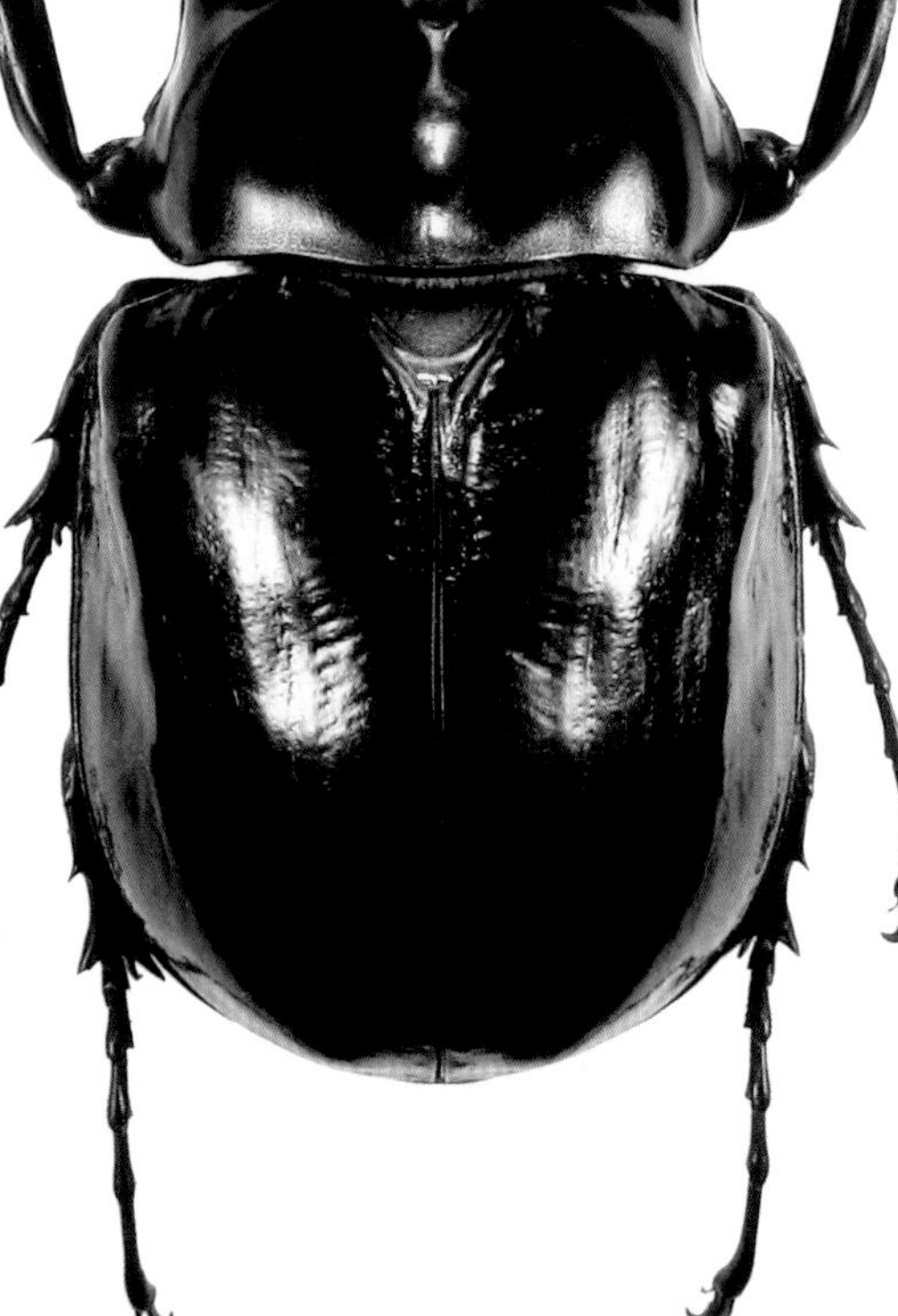

レア度 | ★★☆☆☆

Golofa eacus

エアクスタテヅノカブト

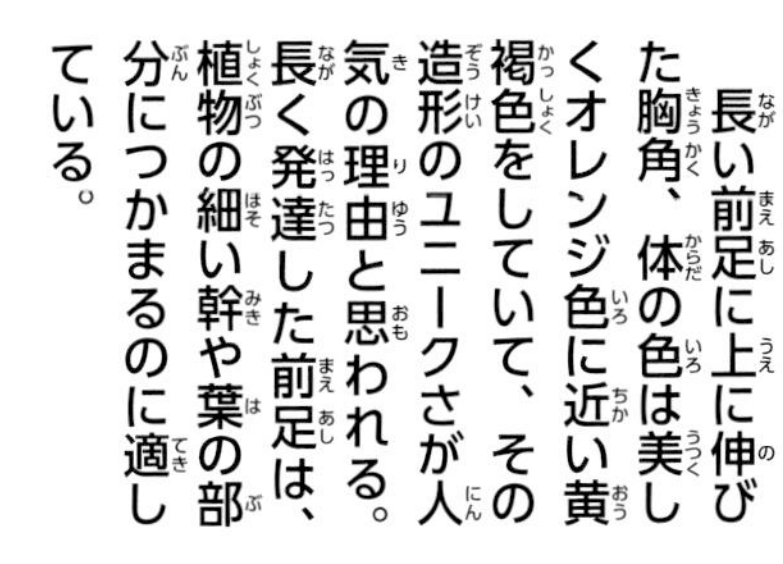
長い前足に上に伸びた胸角、体の色は美しくオレンジ色に近い黄褐色をしていて、その造形のユニークさが人気の理由と思われる。長く発達した前足は、植物の細い幹や葉の部分につかまるのに適している。

Data

エクアドル、コロンビア、ベネズエラなどに分布。オスの最大体長は70mm以上になる。他種よりも分布域が広いタテヅノカブト。

▲夜間エクアドルの街灯の明かりに飛来し、草の上にとまるオス

▲体色が美しい生体のペア

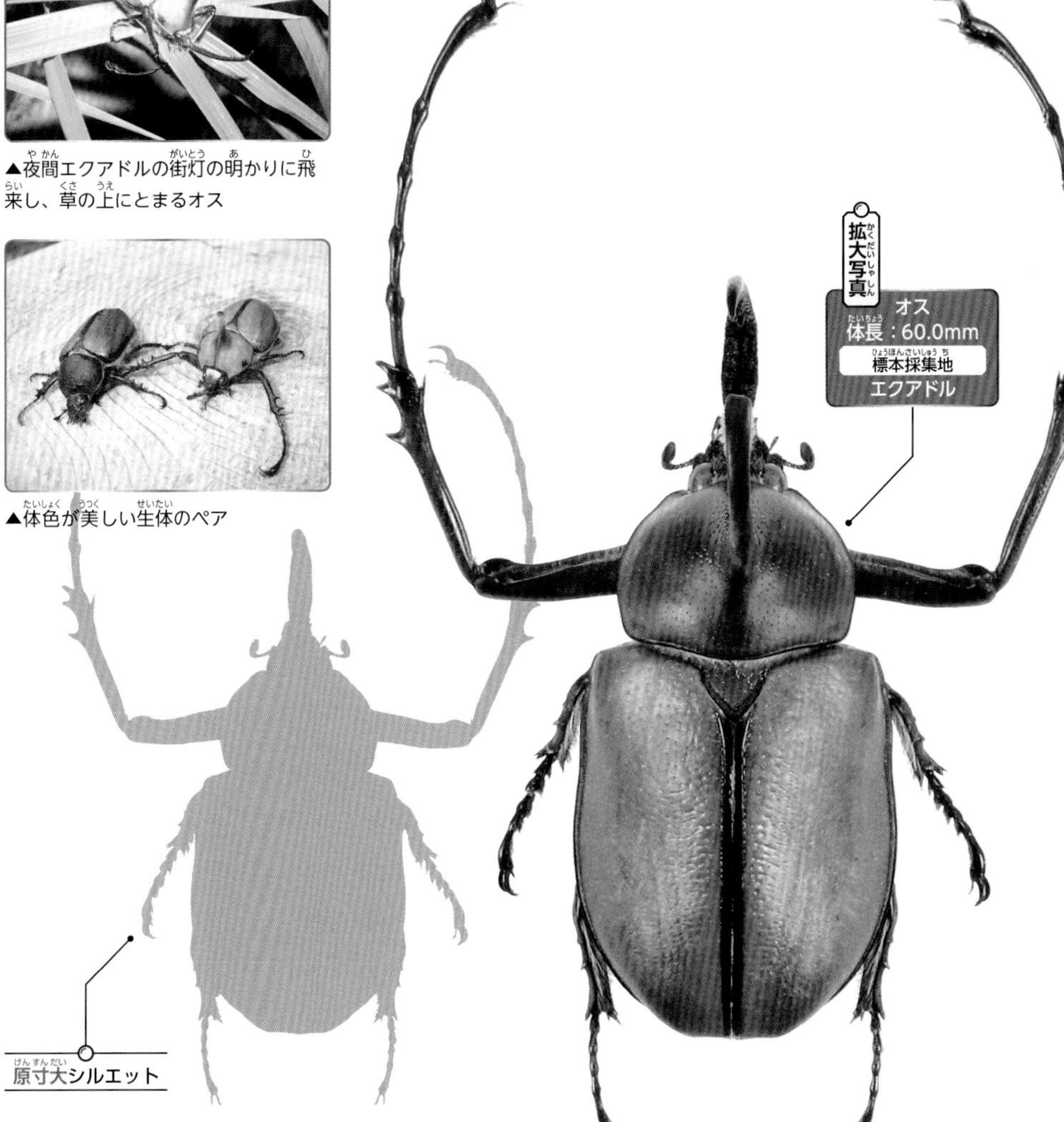

レア度 | ★★☆☆☆

Megasoma actaeon

アクタエオンゾウカブト

第38位
Beetles Ranking BEST 100

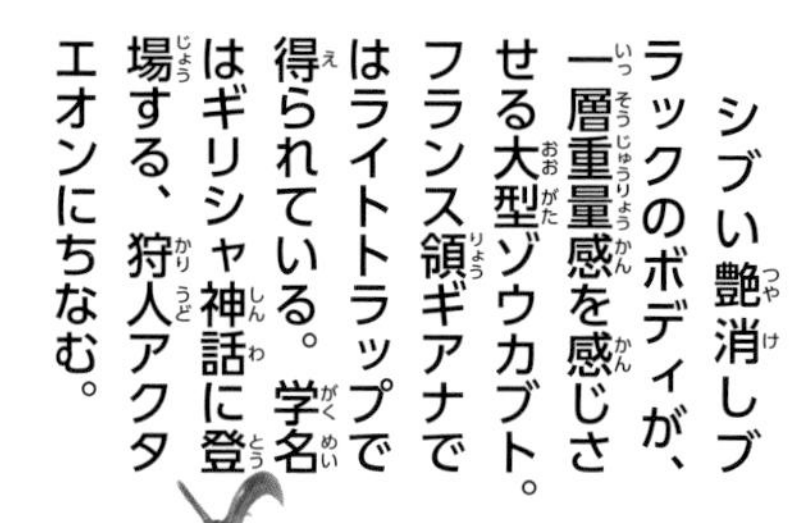

シブい艶消しブラックのボディが、一層重量感を感じさせる大型ゾウカブト。フランス領ギアナではライトトラップで得られている。学名はギリシャ神話に登場する、狩人アクタエオンにちなむ。

Data

フランス領ギアナ、ガイアナ、スリナムなどに分布、オスの最大体長は121mm以上になる。レックスゾウカブトに似るが、アクタエオンの方が小型になる。

▲頭部に１本、胸部に2本の角が生え、胸部中央は少し盛り上がる

原寸大
メス
体長：80.0mm
標本採集地
フランス領ギアナ

原寸大
オス
体長：118.0mm
標本採集地
フランス領ギアナ

レア度 | ★★☆☆☆

Eupatorus siamensis siamensis

シャムゴホンツノカブト

オス、メス共にアズキ色の体色をしていて、角のユニークな造形と合わせて人気がある。胸部に4本、頭部に1本の角があるゴホンツノカブトの仲間。シャムとはタイ王国の旧名で、タイのゴホンツノカブトという意味。

Data

インド、ラオス、ミャンマー、タイなどに分布。オスの最大体長は75mm以上になる。頭角と胸角の先は尖っていて、戦う相手に打撃を与える。

▲オスは胸角2本が、斜め上方向に伸びている

原寸大
メス
体長：48.5mm
標本採集地
タイ

拡大写真
オス
体長：70.0mm
標本採集地
タイ

レア度 | ★★☆☆☆

Oryctes gigas insulicola

ギガスサイカブト

Data

マダガスカルに分布。オスの最大体長は80mm以上になる。オス、メス共に前胸部分が左右に広がる特徴がある。

▲大型のオスは胸角が長く伸びていかにも強そうだ

このカブトムシのオスは前胸の中央に、モヒカン状の突起がある。それがウルトラマンやウルトラセブンの頭部に似ていることから「ウルトラサイカブト」の別名がある。大型個体の姿はまさにど迫力であり、そこも人気がある理由と思われる。

原寸大
メス
体長：79.5mm
標本採集地
マダガスカル

原寸大
オス
体長：78.5mm
標本採集地
マダガスカル

レア度 ★★★★☆

Megasoma gyas porioni

ポリオンギアスゾウカブト

Data

ブラジルに分布。オスの最大体長は113mm以上になる。ブラジルの珍しいゾウカブト。

▲長い前足と大きなツメも、戦う時の武器となる

頭部に1本、胸部に3本の角を持ち、全身に黄褐色の体毛が生える。100㎜以上の体長になり、珍しいこともあって人気は高い。ギアスゾウカブトの亜種で、亜種名はフランスの甲虫研究家ポリオン氏にちなむ。

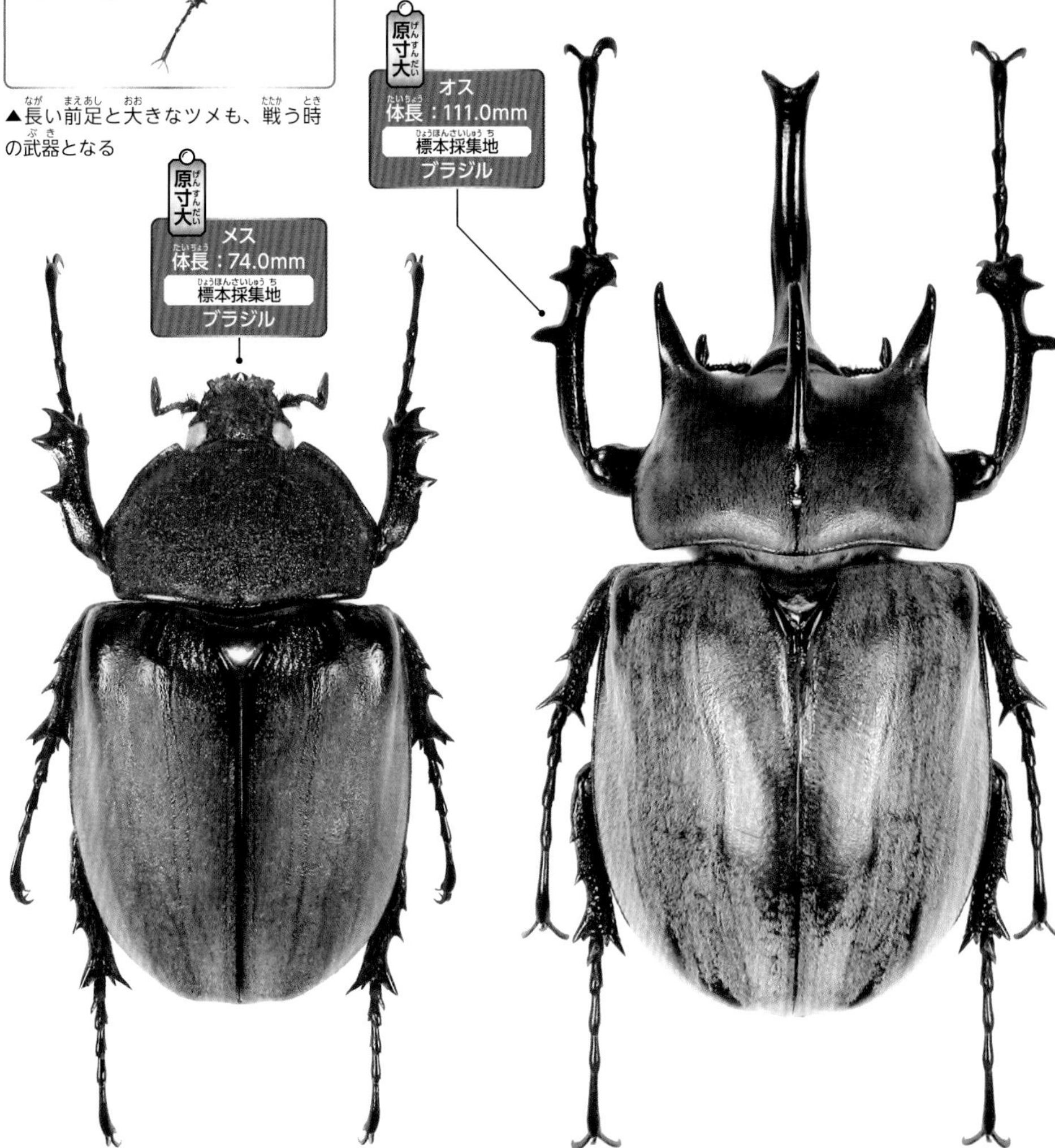

レア度 | ★★★☆☆

Eupatorus gracilicornis prandii

プランディゴホンツノカブト

Data

ベトナム南部に分布。オスの最大体長は101mm以上になる。ゴホンツノカブトと並び、最大級の大きさになる。

2017年にベトナムのダラットを基産地として新記載された、ゴホンツノカブトの亜種。生体が日本に入荷し、販売されたことがある。大型が羽化することから、人工飼育をするブリーダーたちにも人気がある。

▲大型のオスは頭角が長く伸びる

レア度 | ★★★☆☆

Megasoma ramirezorum

ラミレスゾウカブト

南米エクアドルでは、かつては大変珍しいゾウカブトだった。近年、生息地が見つかり多くの標本が日本にももたらされている。体の光沢が強く、漆塗りの陶器のようなボディをした大型のゾウカブト。

Data

エクアドル、パナマ、コロンビア、ペルーに分布。オスの最大体長は120mm以上になる。

▲エクアドルのジャングルで、木に登る大型のオス

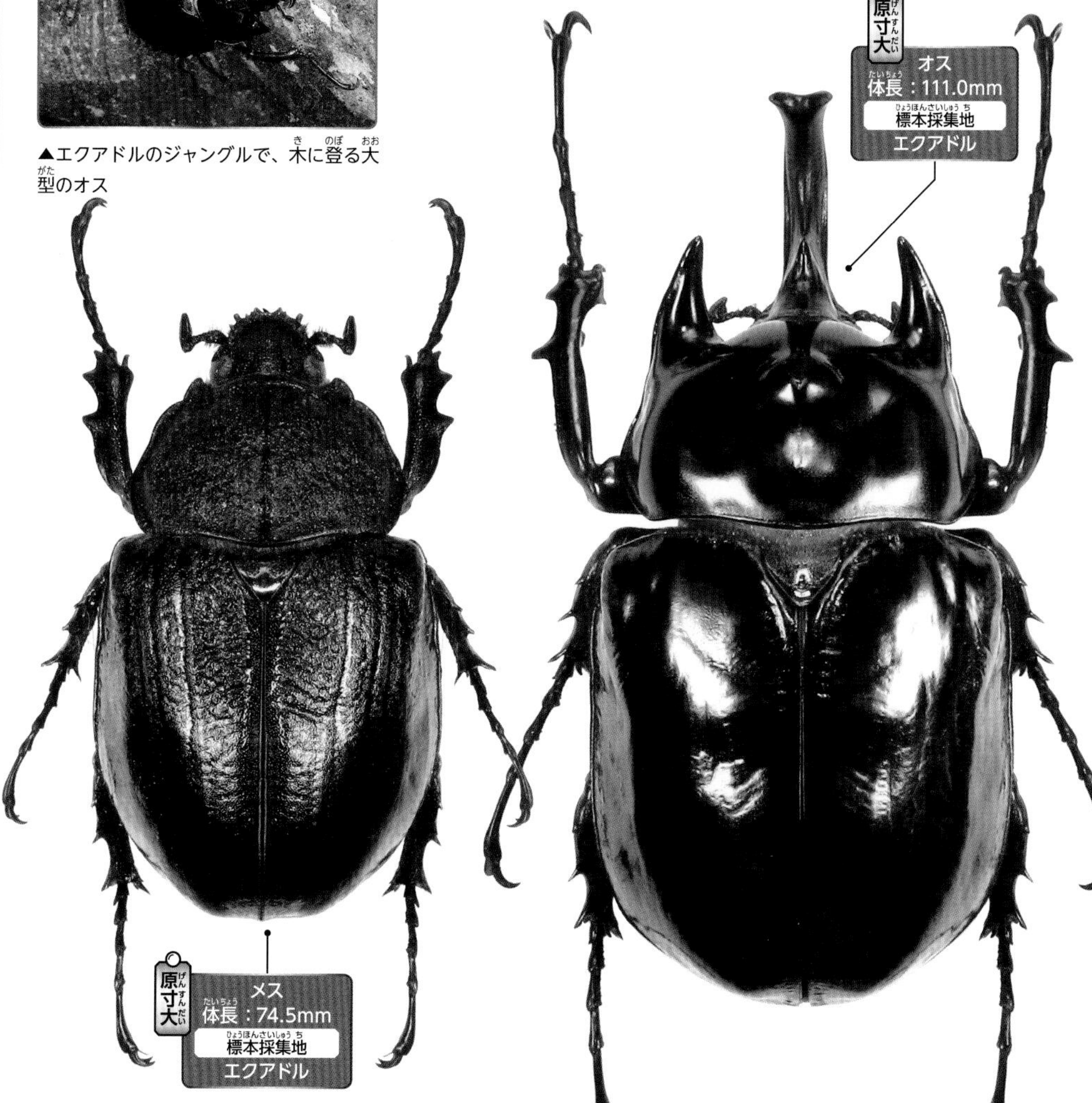

レア度 ★★★★☆

Megasoma gyas gyas

ギアスゾウカブト

Data

ブラジルに分布、オスの最大体長は100mm以上になる。ギアスゾウカブトの原名亜種。

▲横から見ると胸角が長く頭角は短いことがわかる

ブラジル中東部に分布する、濃い黄褐色の体毛が生えたゾウカブトで、大型のオスは大変珍しく人気も高い。画像のオスの標本は採集年が1908年、つまり115年以上前のものになる。甲虫の標本は、きちんと管理をすれば数百年は持つということを証明する標本だ。

レア度 ｜ ★☆☆☆☆

Enema pan

パンヒラタサイカブト

著者が南米で最も頻繁に生きているカブトムシを見たのは、このパンヒラタサイカブト。ジャングルでは地面を歩き、街灯の明かりにもよく飛来する。見た目はものすごく強そうな印象だが、動きは他のカブトムシより遅い。それでも力がとても強いことと、サイカブトの仲間で最大になることから根強い人気がある。

Data

メキシコからアルゼンチンにかけて広く分布。オスの最大体長は97.2mm以上になる。サイカブトの仲間では最も大きい。

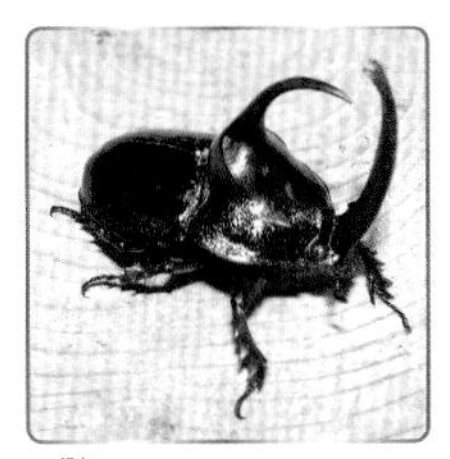

▲他のカブトムシよりもゆっくりと歩く

レア度 | ★☆☆☆☆

Trichogomphus lunicollis

オオツノメンガタカブト

Data

マレー半島、スマトラ島、ボルネオ島に分布。オスの最大体長は66mm以上になる。その名のとおり大きな角が特徴だ。

このカブトムシの短めの各足は、木に登るよりも地上を歩くのに適している。胸部の角は先端で二股に分かれ、長く伸びた頭角と両方を使い戦う。変わったその姿から人気がある。

▲大型のオスを横から見ると、胸角が大きく発達しているのがわかる

▲胸角、頭角共に太く発達する

レア度 ★★☆☆☆

Beckius beccarii beccarii

サンボンツノカブト

Data

ニューギニア島、アミドラルティ諸島、ビスマルク諸島に分布。オスの最大体長は75mm以上になる。

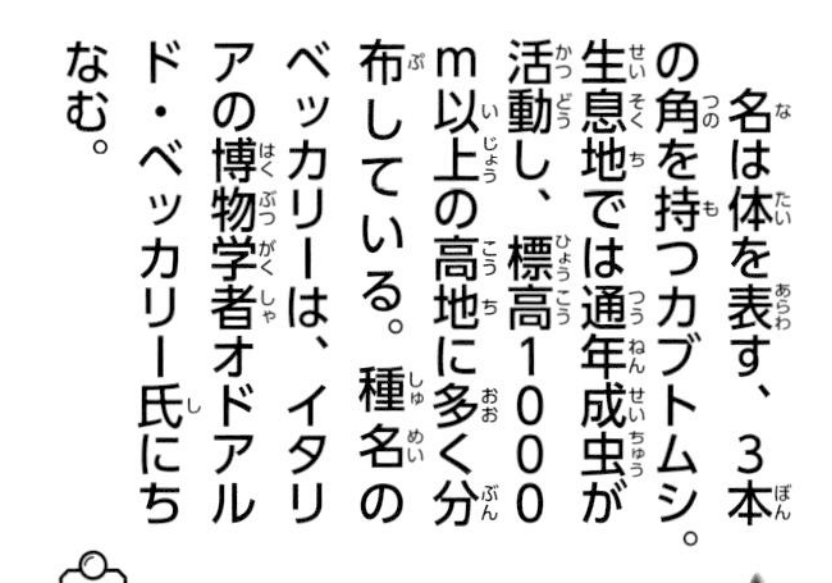

名は体を表す、3本の角を持つカブトムシ。生息地では通年成虫が活動し、標高1000m以上の高地に多く分布している。種名のベッカリーは、イタリアの博物学者オドアルド・ベッカリー氏にちなむ。

▲胸角にはノコギリ状のギザギザした突起がある

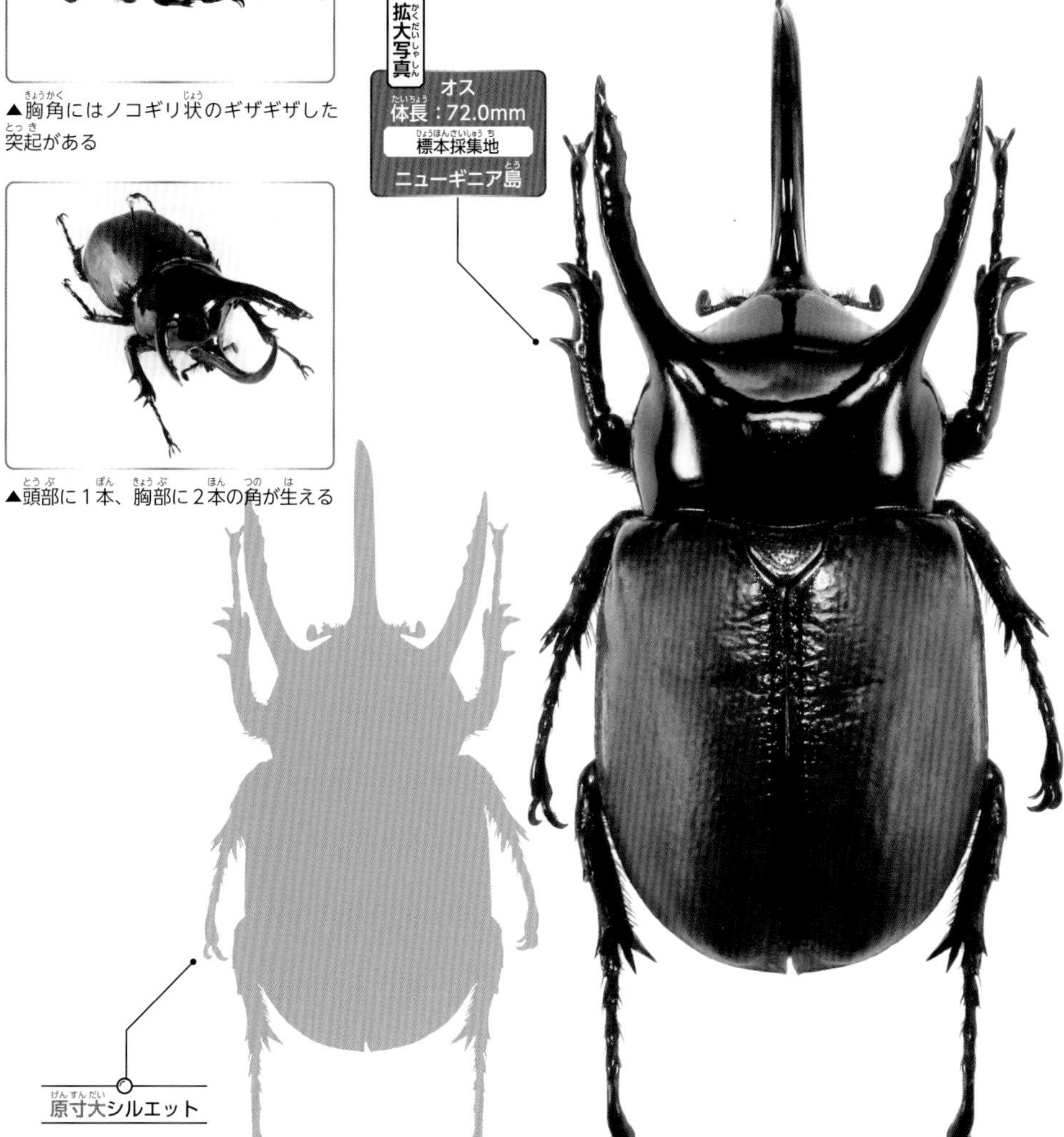

▲頭部に1本、胸部に2本の角が生える

レア度 ★★☆☆☆

Brachysiderus quadrimaculatus

ヨツボシハビロヒナカブト

Data

ブラジル、ペルーに分布、オスの最大体長は45mm以上になる。体色がとても派手なカブトムシ。

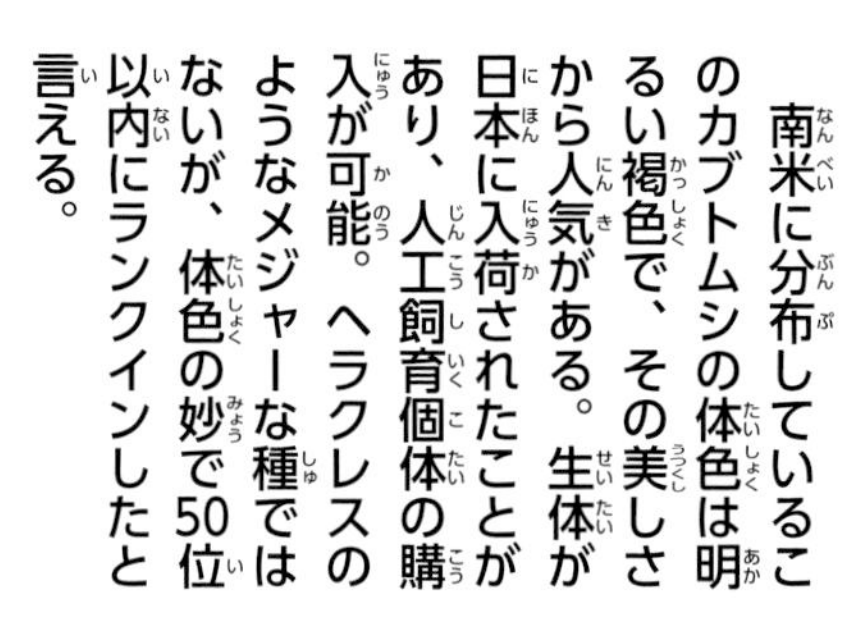

南米に分布しているこのカブトムシの体色は明るい褐色で、その美しさから人気がある。生体が日本に入荷されたことがあり、人工飼育個体の購入が可能。ヘラクレスのようなメジャーな種ではないが、体色の妙で50位以内にランクインしたと言える。

▲頭角は斜め上方に向かい伸びる

▲頭部に３本の角が生えている

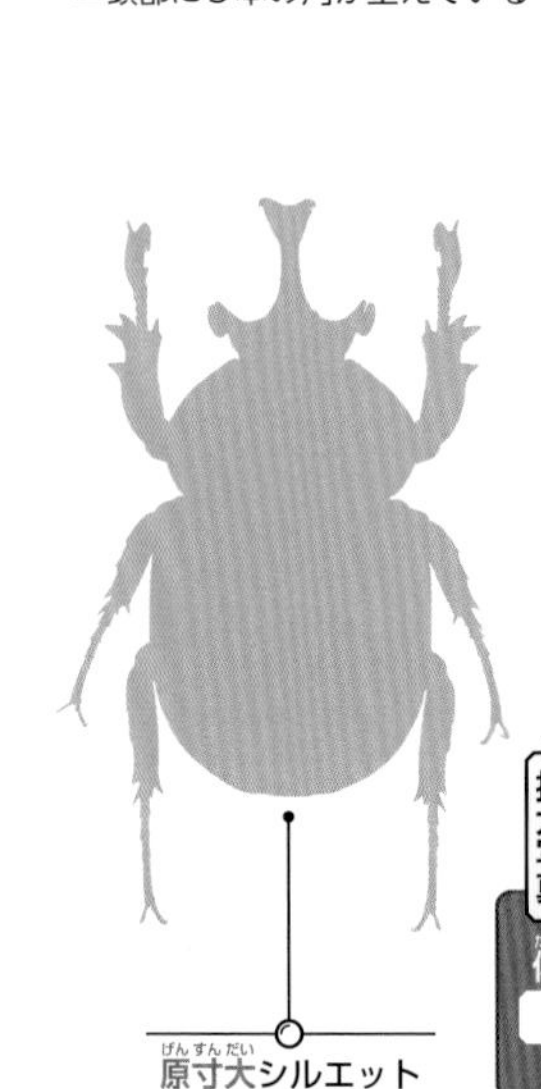

原寸大シルエット

拡大写真

オス
体長：39.5mm
標本採集地
ペルー

レア度 | ★★★★★

Megasoma lecontei

レコンテゾウカブト

第49位

Data

メキシコのバハ・カリフォルニア州に分布。オスの最大体長は35mm以上になる。小型のゾウカブトの中で最も珍しい。

▲頭角は斜め上方向にカーブを描き伸びる

▲頭角の先が二股に分かれている

このカブトムシの標本は、少数のオスが日本に入荷しているが、メスは入っていないと思われる。オスのみでも大変珍しく、メキシコの限られた地域でのみ見つかっている。その希少さから標本の入手に苦労をしたのをよく覚えている。

拡大写真
オス
体長：27.5mm
標本採集地
メキシコ

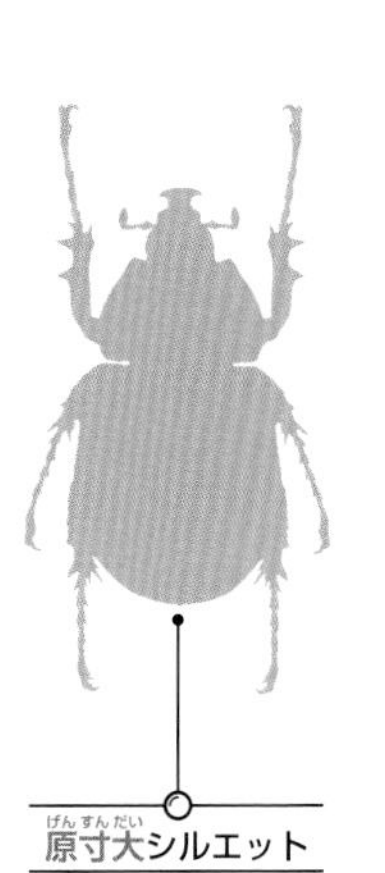

原寸大シルエット

レア度 | ★☆☆☆☆

Xylotrupes gideon sumatrensis

スマトラヒメカブト

第50位

Data

インドネシアのスマトラ島に分布。オスの最大体長は83.1mm以上になる。ヒメカブトの仲間では最大級の大きさになる。

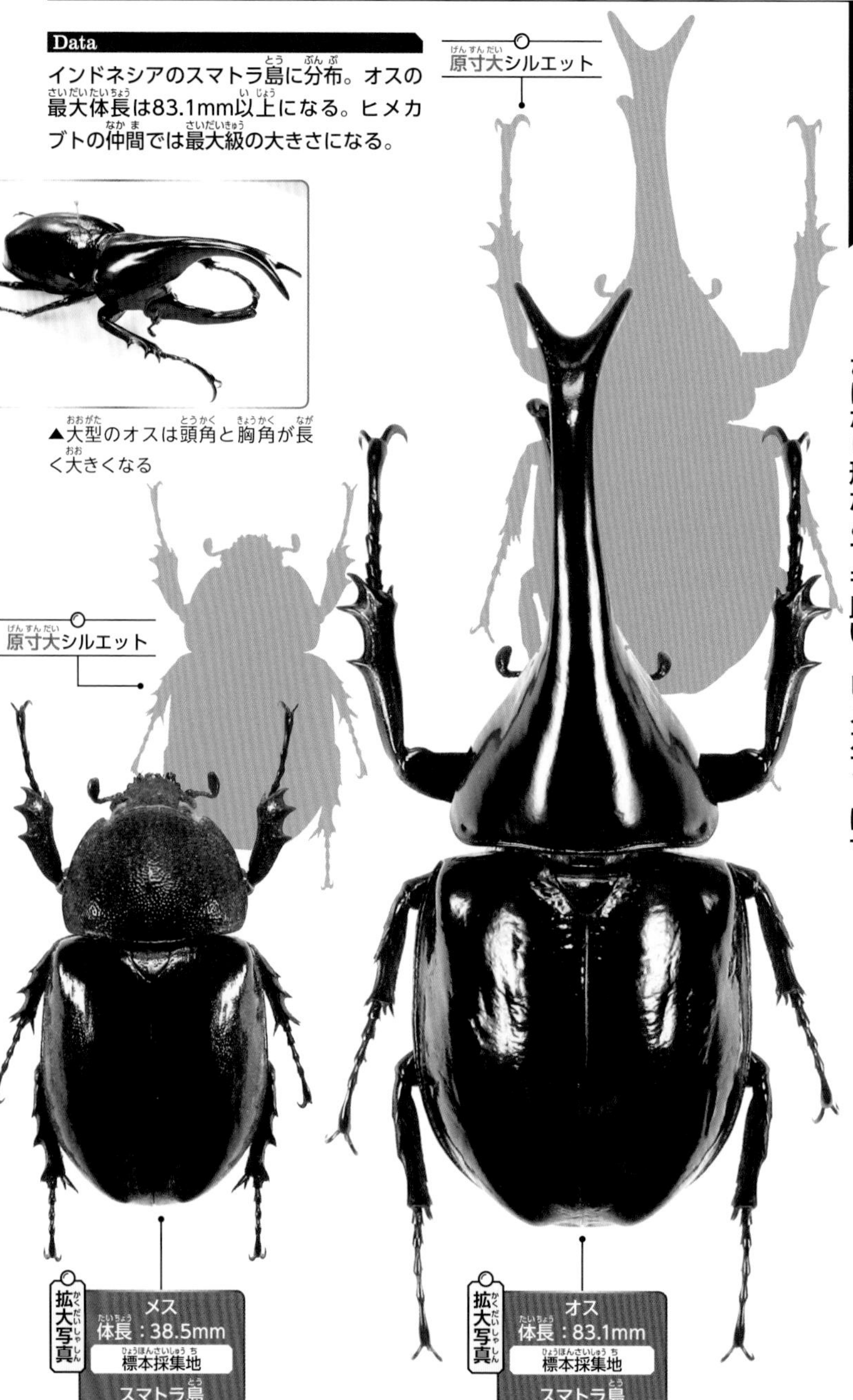

▲大型のオスは頭角と胸角が長く大きくなる

ヒメカブトは東南アジア一帯に広く分布し、現在15もの亜種が知られている。スマトラヒメカブトはその中のスマトラ亜種となり、ヒメカブトの仲間では最大級の大きさになり形がとても良い。ヒメカブトはサトウキビの害虫とされ、日本への生体輸入が禁止されている。標本のコレクションではスマトラヒメカブトが、ヒメカブト亜種の仲間では一番人気があると思われる。

レア度 | ★★★★☆

Augosoma hippocrates

ガボンオオカブト

Data

アフリカのガボンに分布。オスの最大体長は70mm以上になる。別名ヒポクラテスオオカブト。

▲頭角には大きな突起が生える

このカブトムシは中部アフリカのガボンに分布しているが、ガボンには昆虫の採集人がいないと思われる。そのために標本はあまり増えておらず、現在最も標本の入手が困難なアフリカ産カブトムシのひとつとなっている。このページでは中型のオスの標本も掲載した。今後の新たなる標本追加を期待したい種類だ。

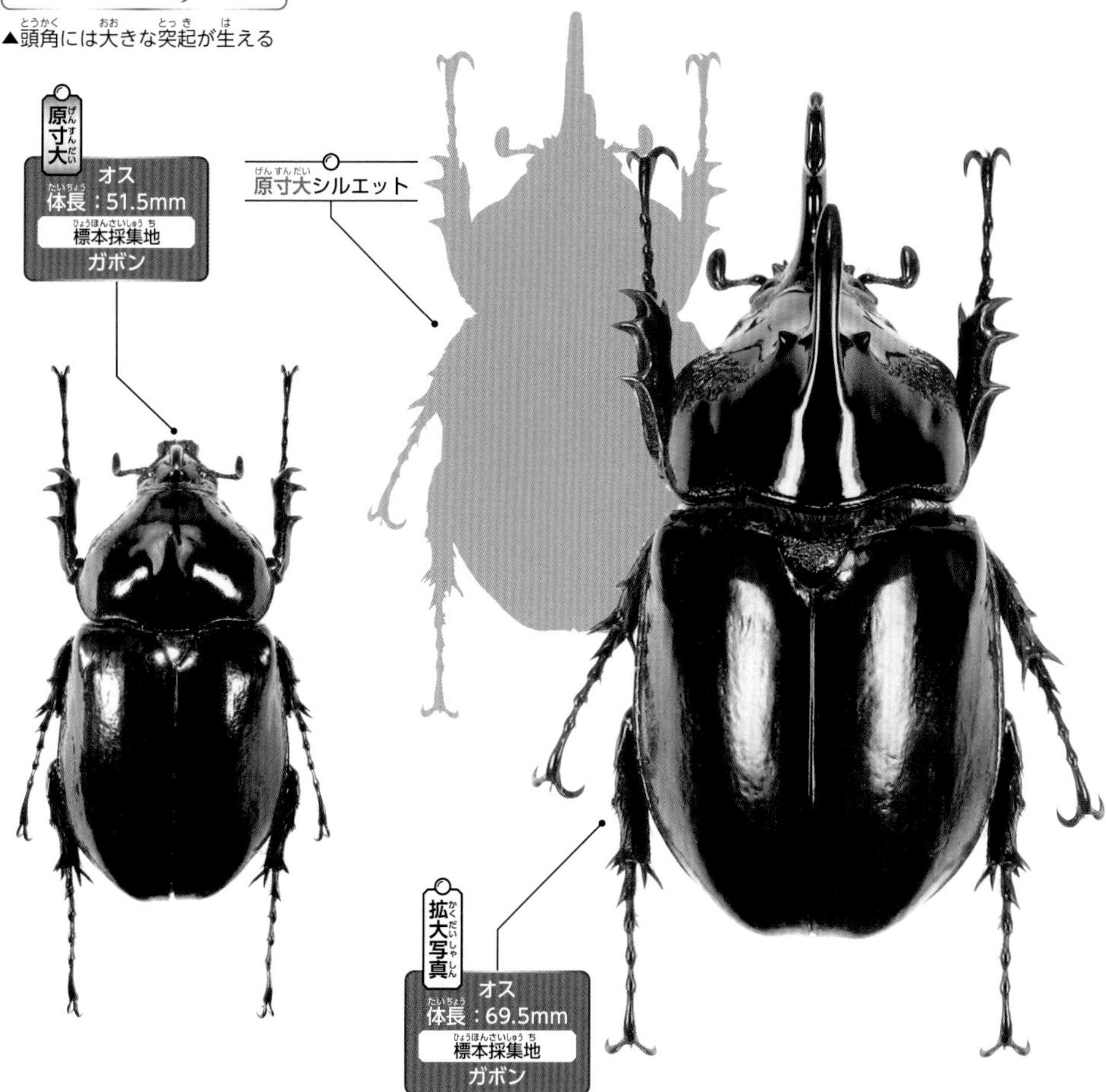

レア度 ★★☆☆☆

Eophileurus chinensis chinensis

コカブト

第52位
Beetles Ranking BEST 100

Data
日本の北海道、本州、四国、伊豆諸島や中国、台湾などに分布。オスの最大体長は26mm以上になる。

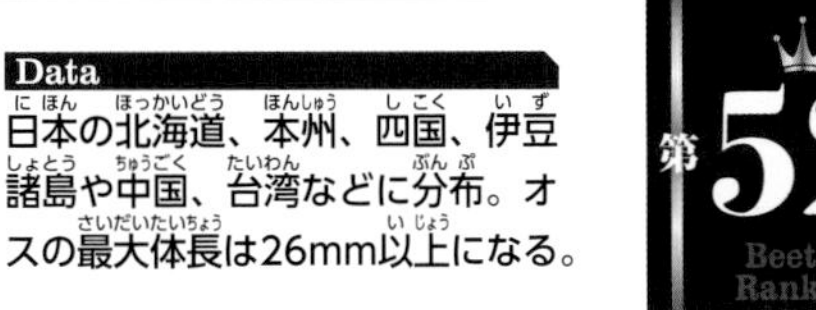

▲オスは頭角が長く伸びる

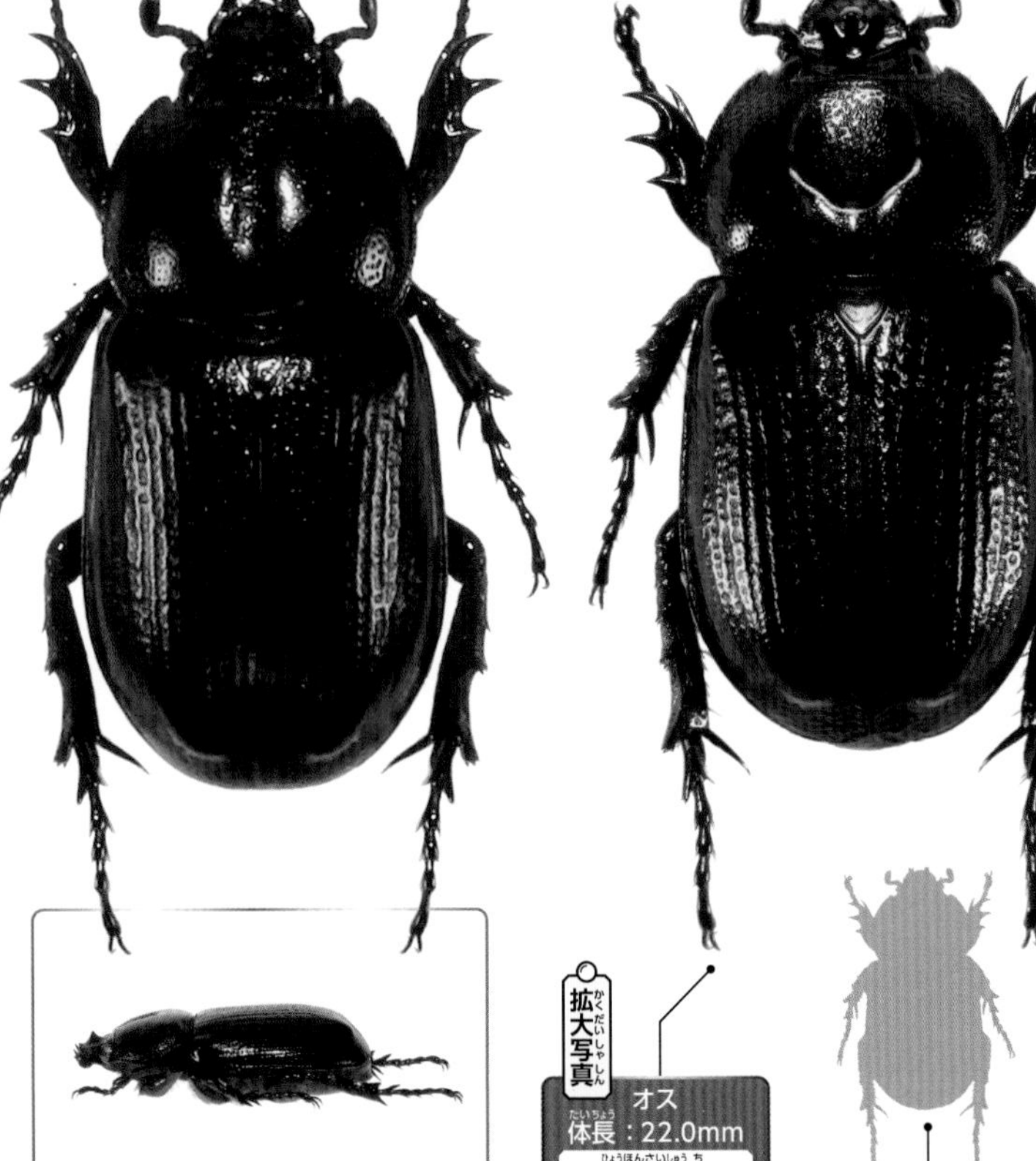

▲オスにくらべ頭角が短い

世界に約200種近くが知られるコカブトの仲間のなかで、日本にも広く分布している小型のカブトムシ。この種は雑食で、樹液以外に他の昆虫の死骸などを食べている。成虫は夜間に街灯の明かりに飛来することがあり、また日中でも路上を歩いていたり、樹液を吸う姿を見せることもある。比較的身近なカブトムシだ。

レア度 | ★★★☆☆

Eupatorus sukkiti

スキットゴホンツノカブト

この種はミャンマー北部のカチン州で多く見つかることから、「カチンゴホンツノカブト」という和名で呼ばれることがある。掲載したオスはその中でも突出して大きく、この標本を初めて見た時の感動は今も忘れられない。筆者にとって思い出深い標本のひとつだ。

Data

ミャンマー、中国に分布。オスの最大体長は79.6mm以上になる。胸角中央の２本は前方に伸びる特徴がある。

▲濃い赤褐色の体色が美しい

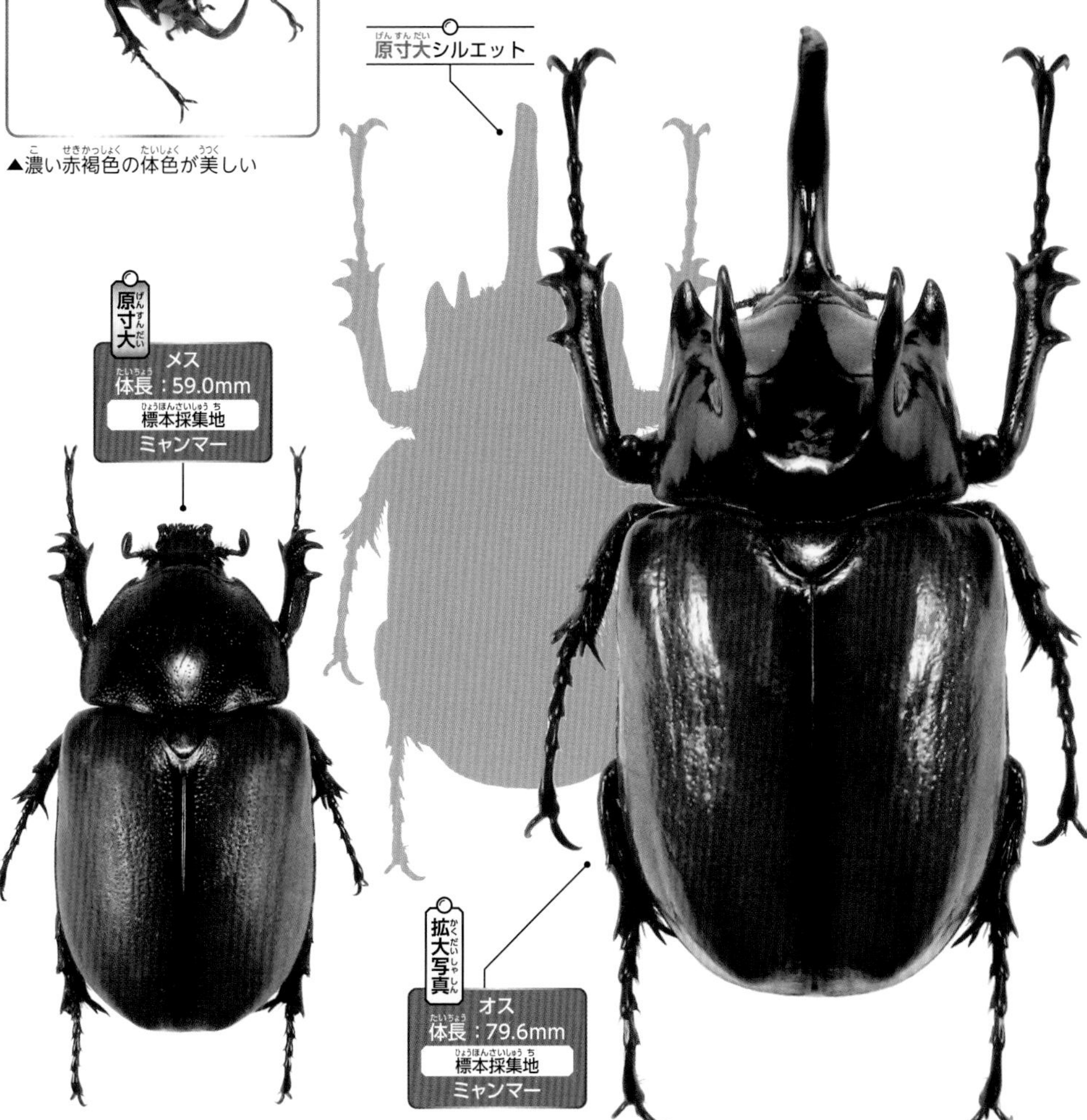

レア度 ★★★★☆

Homophileurus waldenfelsi

ダイオウゴカクコカブト

世界のコカブトの仲間には、この種のように大型になるものもいる。その中でもこのカブトムシはとても珍しく、標本の入手も難しいので取引価格が高額な種となる。コカブトの仲間で最大級の大きさになることと、黒に赤褐色が混ざる体色から人気がある。

Data

ペルー、コロンビア、ブラジル、エクアドルに分布。オスの最大体長は55mm以上になる。とても珍しいコカブトの仲間。

▲3本の頭角が生えている

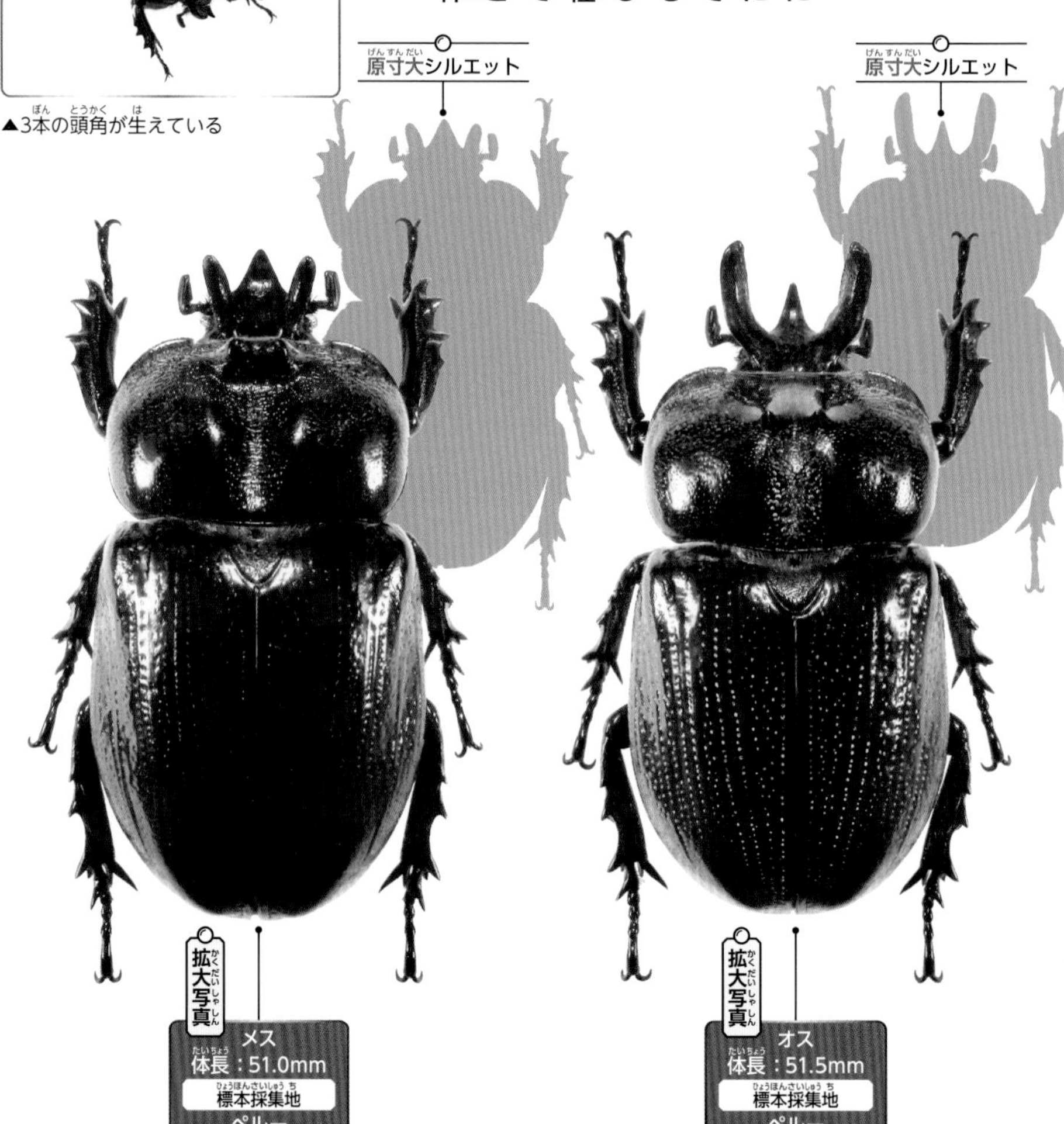

レア度 | ★★★☆☆

Xyloscaptes davidis

ダビディスカブト

日本のカブトムシとそっくりな外見から人気が高いカブトムシ。幼虫は自分のフンでまゆを作り、その中でサナギになる。かつては大変珍しいカブトムシだったが、近年生息地が見つかり日本に生体が入荷されている。「いつか野生のこのカブトを観察に行ってみたい」と思わせる魅力がある種類だ。

Data

ベトナム、中国に分布、オスの最大体長は55mm以上になる。

▲外見は日本のカブトムシによく似ている

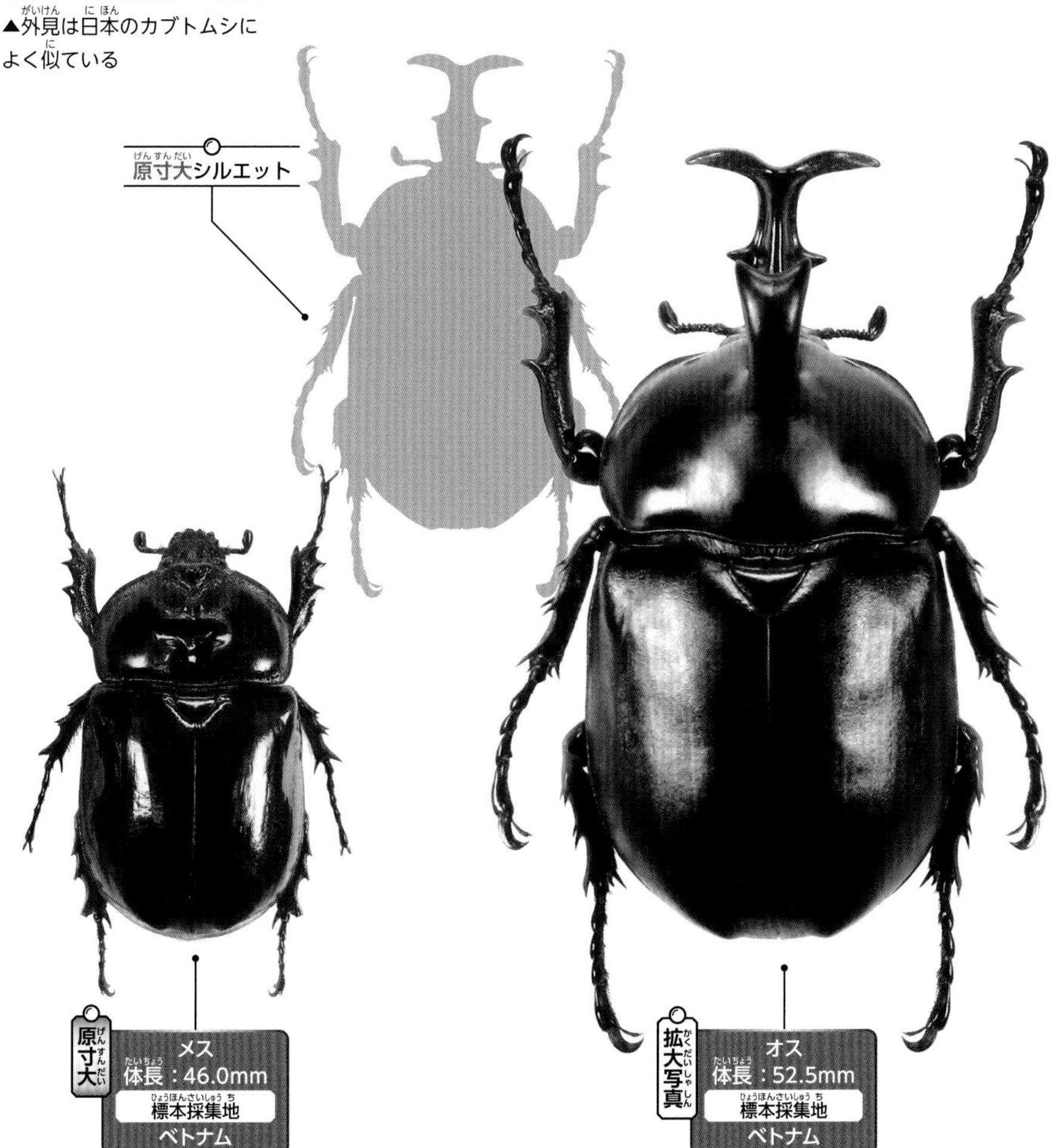

レア度｜★☆☆☆☆

Oryctes rhinoceros

サイカブト

第56位 Beetles Ranking BEST 100

Data

沖縄県、東南アジア、台湾などに分布。オスの最大体長は50mm以上になる。別名タイワンカブト。

▲オスは頭角が長く伸びる

サイカブトは動物のサイのように、頭部に1本の角が生えていることが和名の由来である。このカブトムシは海外から入ってきて定着した、外来個体群とされている。日本で見られるカブトムシだが、ヤシやパイナップル、サトウキビの害虫でもある。大東諸島にはヒサマツサイカブトという、もう1種のサイカブトがいる。

レア度 ★★★★☆

Megasoma vogti

ボグトゾウカブト

アヌビスゾウカブトを小さくしたような姿のこのカブトムシは、小型ゾウカブトの中でもレコンテゾウカブトの次に珍しいクラスに入る。そのため標本の入手が難しく、その希少性も人気の理由となっている。種名のボグトは、アメリカの昆虫学者ジョージ・ボグト氏にちなむ。

Data

アメリカのテキサス州、メキシコ北東部に分布。オスの最大体長は53mm以上になる。小型ゾウカブトの中では大型。

▲体全体を細かい毛が覆っている

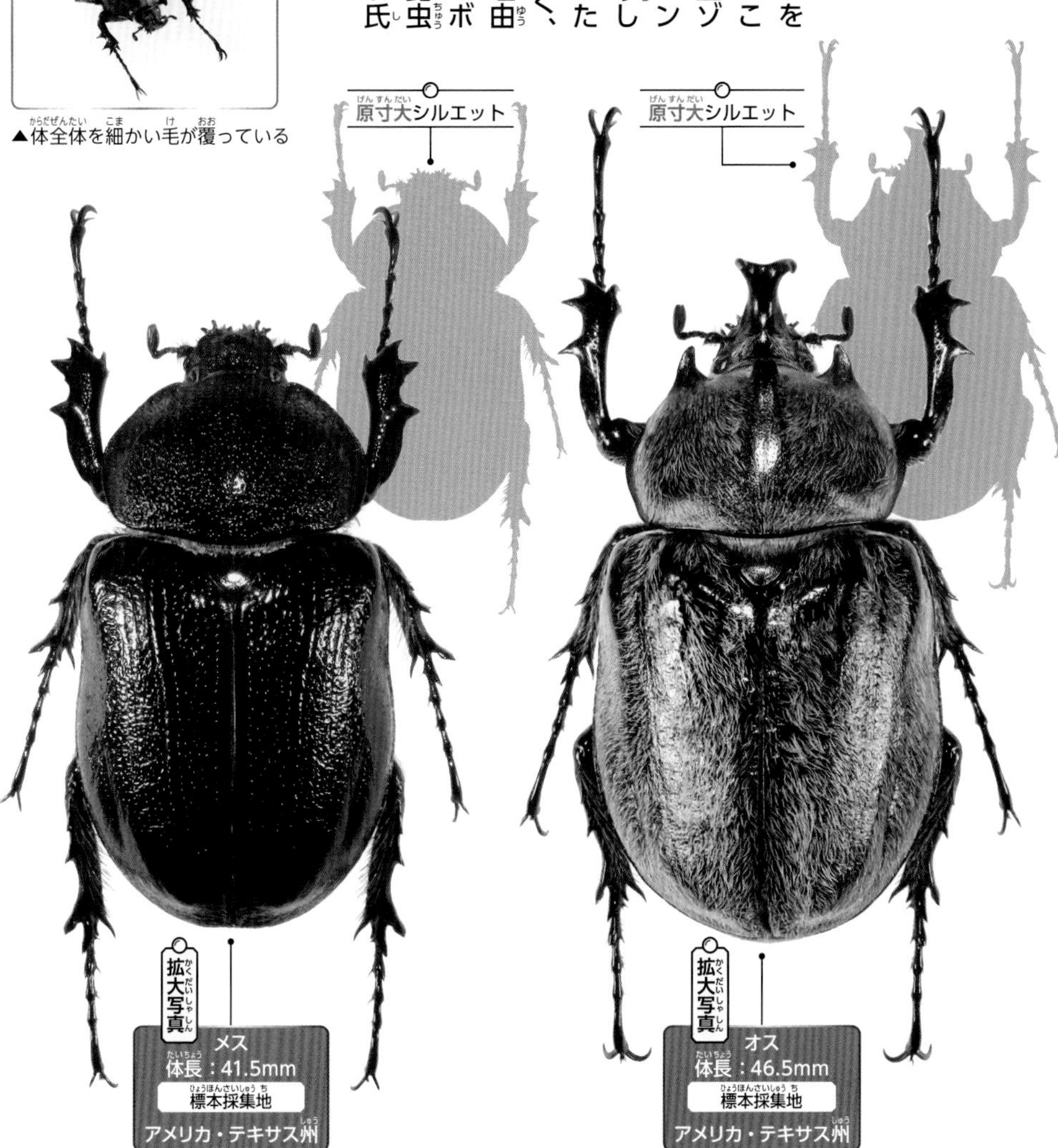

レア度 ★☆☆☆☆

Dilobodérus abderus

アブデルスマルカブト

胸角と頭角の生え方を観察すると一見サタンオオカブトにも似ているが、牧場で牛の糞に集まる日本のダイコクコガネのような、フンチュウに似た習性がある。小型ではあるが、その変わった姿のせいからなのか、カブトムシを集める標本コレクターたちから人気がある種類だ。

Data

アルゼンチン、ブラジル、ボリビアなどに分布、オスの最大体長は30mm以上になる。

▲頭部に１本、胸部に１本の角が生えている

メス
体長：24.0mm
標本採集地
アルゼンチン

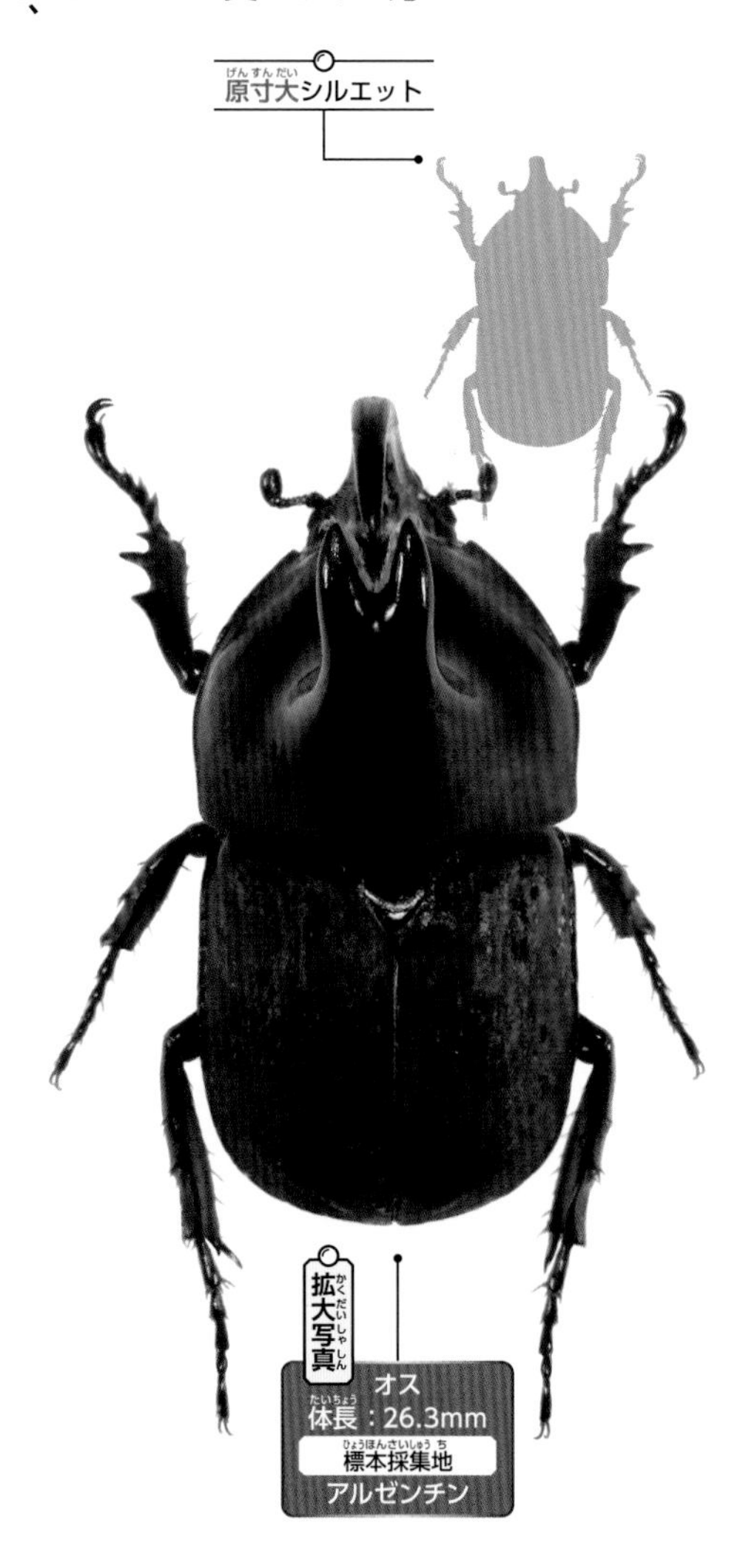

オス
体長：26.3mm
標本採集地
アルゼンチン

レア度 | ★★★☆☆

Megasoma nogueirai

ノゲイラゾウカブト

エレファスゾウカブトとオキシデンタレゾウカブトを足して2で割ったような姿をしたゾウカブト。メキシコにのみ分布し、大きいオスでも80㎜クラスが多く、100㎜を超えるオスは稀でなかなか見つけられない。全身を覆う細かい黄褐色の体毛がとても美しい。

Data

メキシコに分布。オスの最大体長は118mm以上になる。２本の胸角の形に最大の特徴がある。

▲斜め上方向に胸角が伸びる

レア度 ★☆☆☆☆

Golofa tersander

テルサンデルタテヅノカブト

第60位 Beetles Ranking BEST 100

Data

メキシコ、グアテマラ、ホンジュラス、コスタリカに分布。オスの最大体長は40.3mm以上になる。黒いタテヅノカブト。

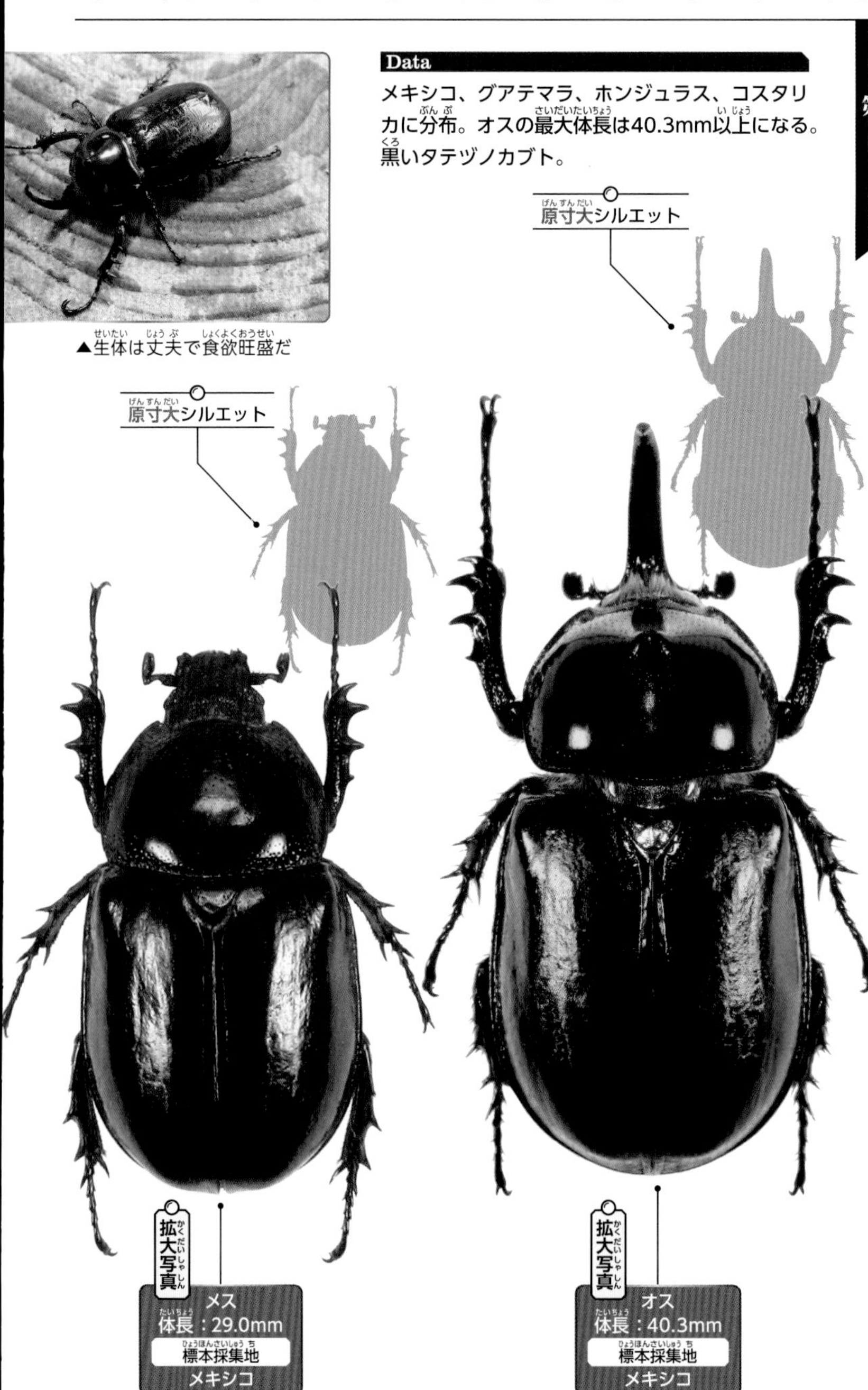

▲生体は丈夫で食欲旺盛だ

赤褐色の体色が多いタテヅノカブトの仲間の中で、なぜか全身が黒い。しかもタテヅノカブトの名前の由来になっている、胸部分のタテヅノが生えていない。このカブトムシは生体が日本に入荷したことがあり、人工飼育個体がたまに販売される。生体は小さくて可愛いイメージだが、怒ると頭角を振り上げて勇ましい一面を見せる。

レア度 | ★☆☆☆☆

Xylotrupes gideon siamensis

タイヒメカブト

Data

タイに分布。オスの最大体長は70mm以上になる。木にしがみつく各足の力は強い。

▲胸角の下が盛り上がっている

タイではこのカブトムシを戦わせる「メンクワン」という昆虫相撲が行われている。この相撲は400年以上の歴史があるというから驚きだ。お金をかけて行われるので、応援する人たちも真剣そのもの。現地では相撲用のヒメカブト販売も行われている。タイで日々戦い続けるその闘志を称え、ランクインとなった。

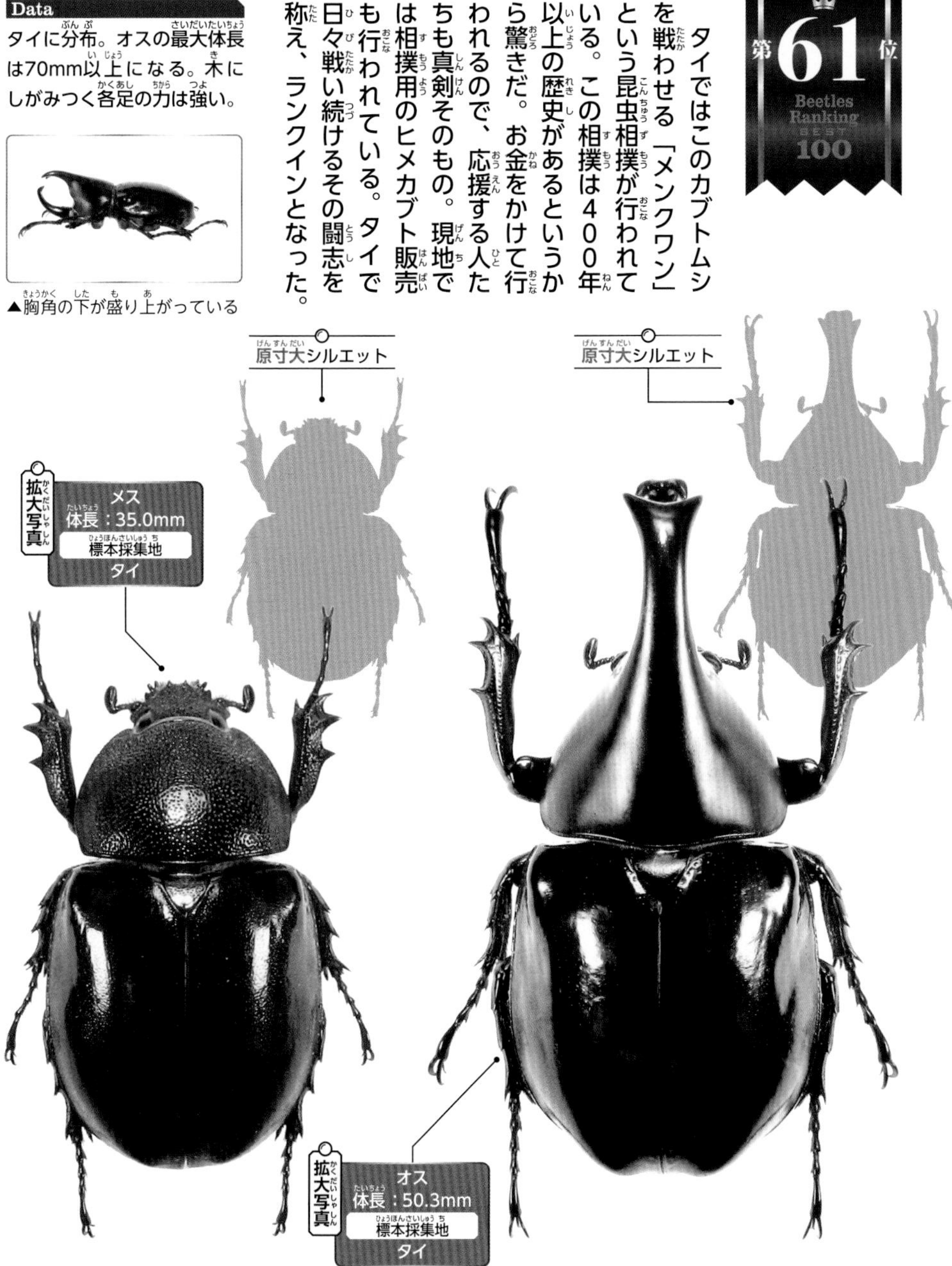

レア度 ★★★☆☆

Agaocephala bicuspis

ビクスピスカラカネヒナカブト

第62位 Beetles Ranking BEST 100

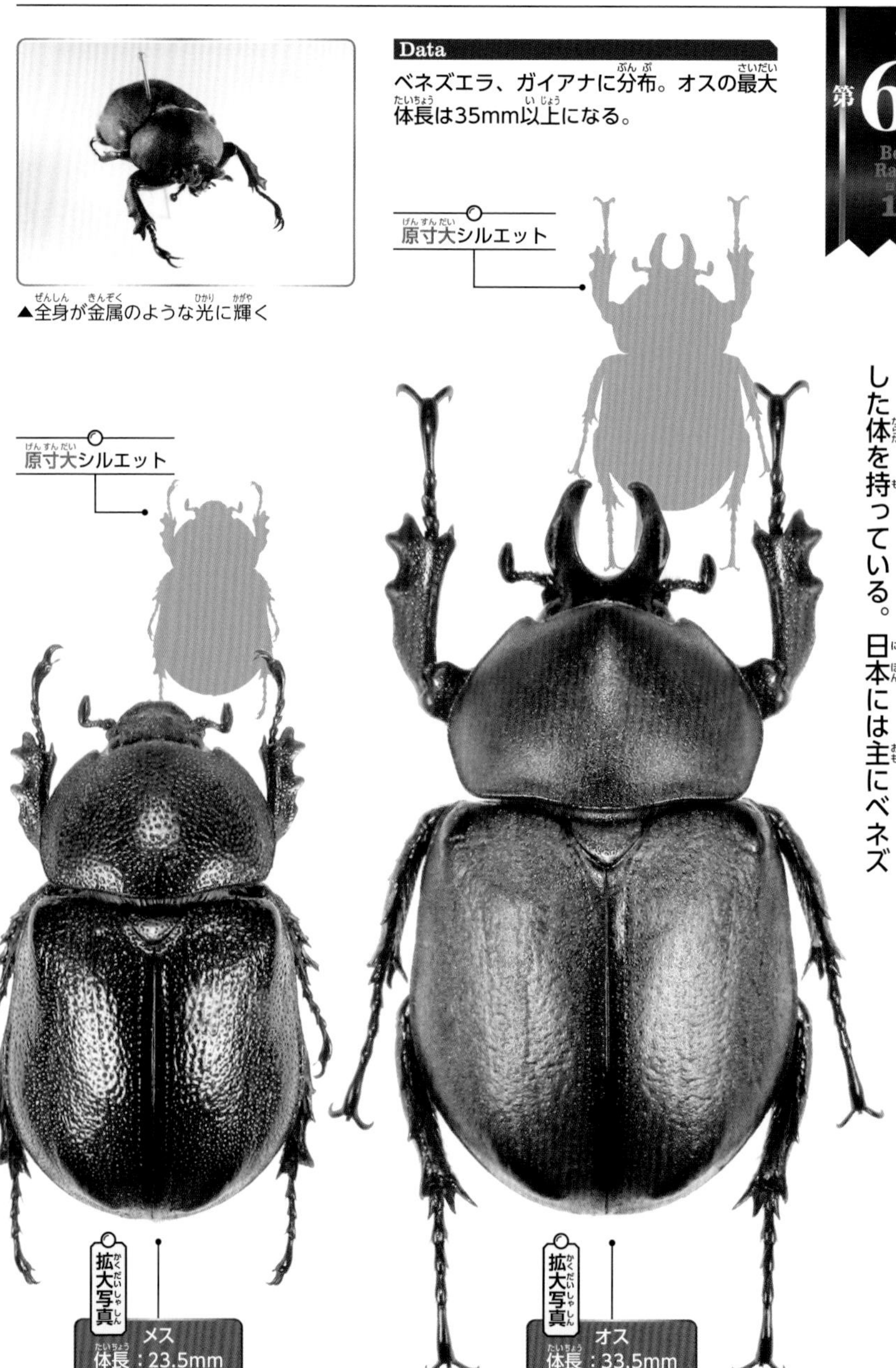

▲全身が金属のような光に輝く

Data

ベネズエラ、ガイアナに分布。オスの最大体長は35mm以上になる。

ヒナカブトの仲間は中米から南米にかけて、13属47種が分布している。このヒナカブトはその中でも、大変美しい金属光沢をした体を持っている。日本には主にベネズエラで得られた標本が市場に出ているが、大型の入手は難しい。頭部に生えた2本の角で、餌場やメスを巡り同種のオスと戦う。

レア度 | ★★★★★

Pachyoryctes elongatus

エロンガトゥスユミツノカブト

第63位
Beetles Ranking BEST 100

Data

ミャンマーに分布。オスの最大体長は47mm以上になる。大変珍しい中型のカブトムシ。

▲頭角はその名のとおり弓のようにしなる

ミャンマー北部にのみ分布する珍しい種で、生態の詳細は一切解っていない。それゆえに小型の標本の入手すら困難だ。このカブトムシの最大級の標本をペアで入手することができ、こうして本にも掲載できることは、筆者にとって大変な喜びだ。種名のエロンガトゥスには〝細長い〟という意味がある。体や角が細長く見えたことからその名が付けられたと考えられる。

Haploscapanes barbarossa

ゴウシュウマルムネカブト

Data

オーストラリアに分布。オスの最大体長は56mm以上になる。別名オオゴウシュウカブト。

オーストラリアに分布する、オスの胸部に角が生えていないカブトムシ。オーストラリアには近い仲間でゴウシュウカブトがいるが、そのオスには2本の胸角が生えているので容易に見分けがつく。丸い胸部は戦う時に頭突きのように相手にぶつけると思われる。丸いその姿は可愛らしく、親しみを感じさせる。

▲名前のとおり胸部分が丸い

原寸大シルエット

レア度 ★☆☆☆☆

Allomyrina pfeifferi pfeifferi

サビカブト

オスは胸部と頭部に1本ずつの角を持ち、それぞれの先が二股に分かれている。体に生えた体毛が鉄が錆びた色に似ていることから、サビカブトという和名が付けられた。日本のカブトムシに姿形が似ているところも、人気の理由と思われる。体から音を出し、それが鳴いているように聞こえるところも同じである。

Data

インドネシア、マレーシア、ボルネオ島に分布、オスの最大体長は41mm以上になる。別名サビイロカブト。

▲胸角は太短く、頑丈そうに見える

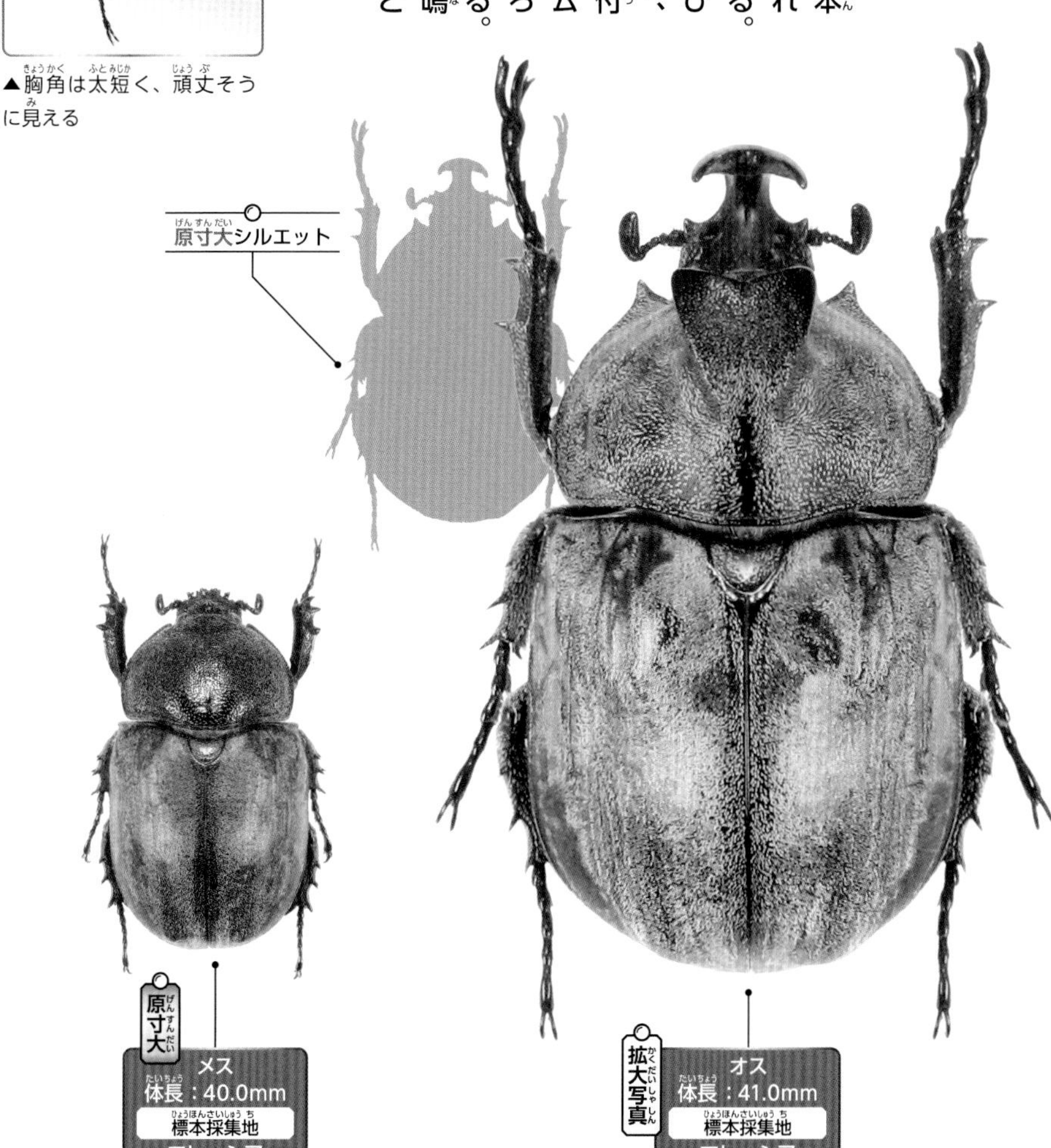

レア度 | ★☆☆☆☆

Ceratoryctoderus candezei

ヒラズツツサイカブト

このカブトムシのオスは大きくても50㎜くらいが多く、55㎜を超える個体は稀でなかなか見つけられない。胸部が独特の形をしていて、その姿から人気がある。インドネシアからは生体が入荷することがあり、購入して人工飼育で次世代の羽化に挑戦する愛好家もいるが、ブリードが難しい種類と言われている。

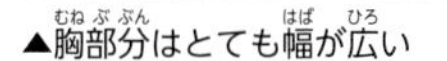

Data

インドネシアのスラウェシ島、ペレン島などに分布。オスの最大体長は58mm以上になる。

▲胸部分はとても幅が広い

原寸大シルエット

原寸大
メス
体長：42.0mm
標本採集地
スラウェシ島

拡大写真
オス
体長：54.0mm
標本採集地
スラウェシ島

レア度 | ★☆☆☆☆

Phileurus didymus

ディデュムスオオコカブト

大きな体と頭部に生えた3本の角が、王様がかぶる王冠のように見えるところから、別名「オウサマコカブト」とも呼ばれている。ダイオウゴカクコカブトと並び、世界のコカブトの仲間の中で最大になるカブトムシ。カブトムシの標本コレクションでは外すことができない種類である。

Data

メキシコ、パナマ、パラグアイなどに分布。オスの最大体長は55mm以上になる。

▲胸にへこみがあり、頭部に3本の角が生えている

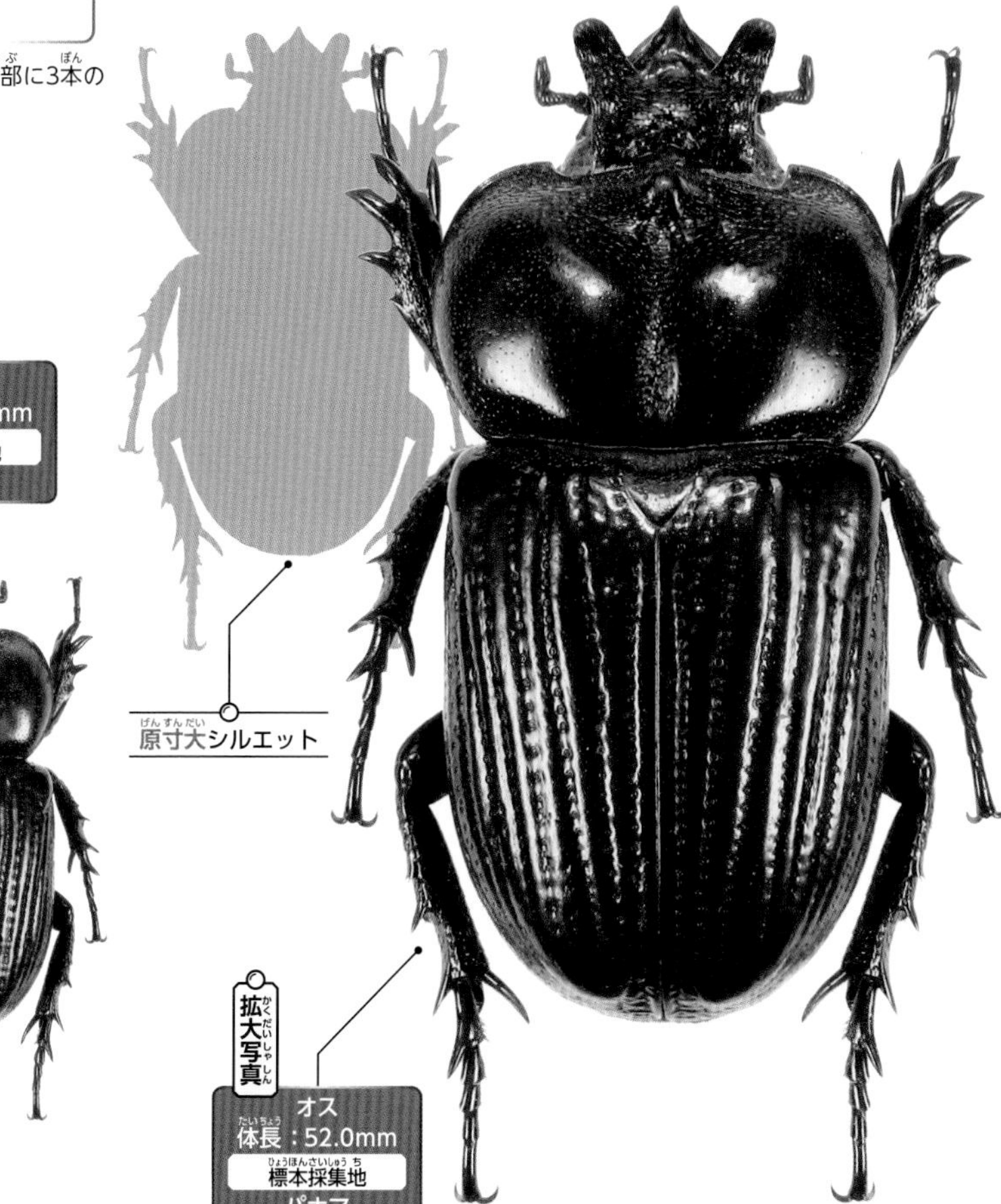

レア度 ★★☆☆☆

Heterogomphus hirtus

ヒルトゥスヒサシサイカブト

第68位 Beetles Ranking BEST 100

Data

ボリビア、ペルーに分布、オスの最大体長は63mm以上になる。

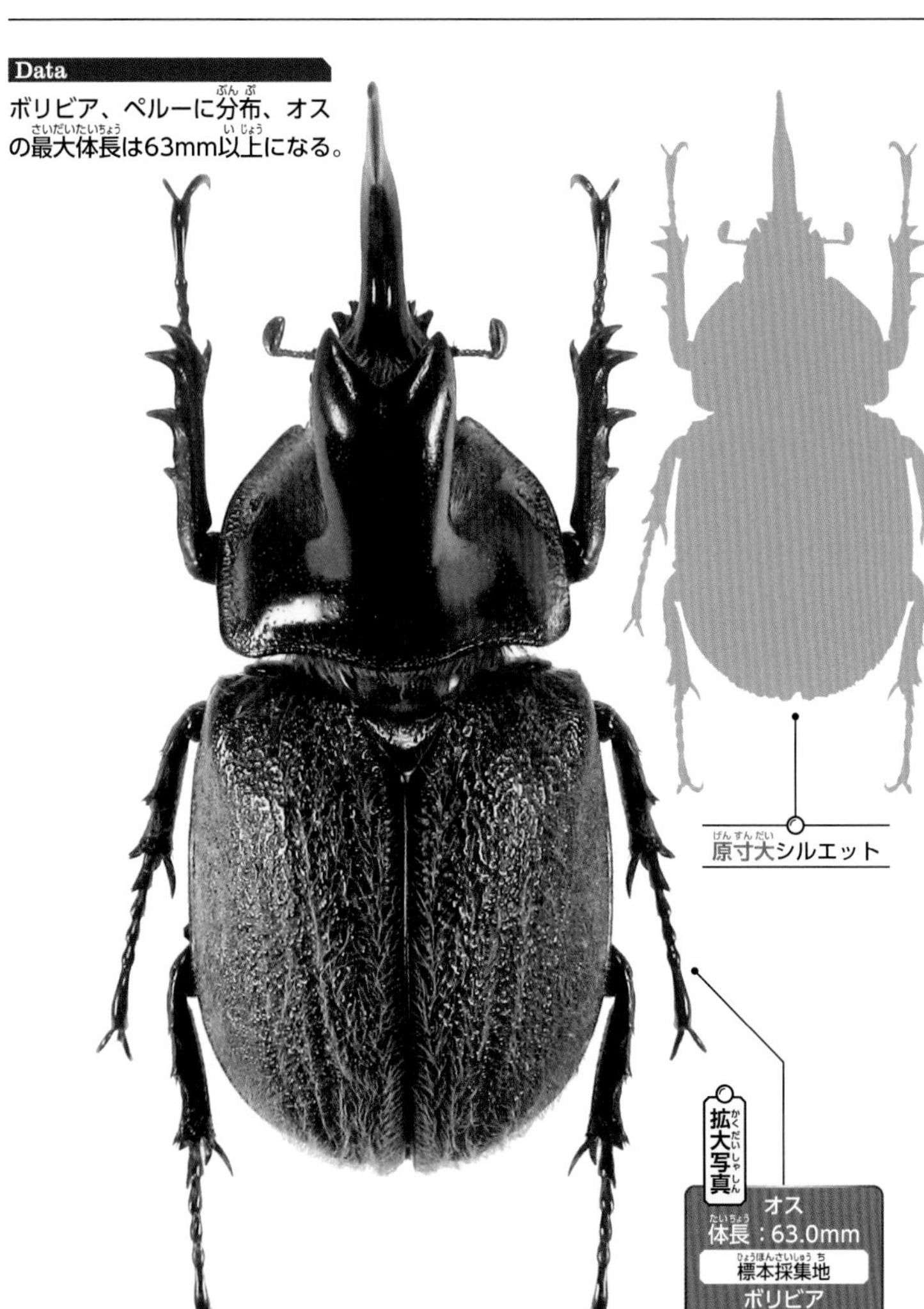

黄褐色の体毛が生えている中型のカブトムシ。夜行性で、街灯の明かりに飛来することがある。筆者が2回にわたりボリビアに昆虫観察に行ったとき、一番多くの個体を見られた野生のカブトだ。そのときはライトトラップを行い、日没直後と深夜0時を回ったあたりに飛来のピークがきた。個人的にも思い出深い種類である。

▲ライトトラップに飛来した大型のメス

▲深夜過ぎにやって来た特大型のオス

レア度 ★★☆☆☆

Megaceras stuebeli

スツェベルツヤヒサシサイカブト

第69位 Beetles Ranking BEST 100

Data

フランス領ギアナ、ブラジル、ボリビアに分布。オスの最大体長は90mm以上になる。

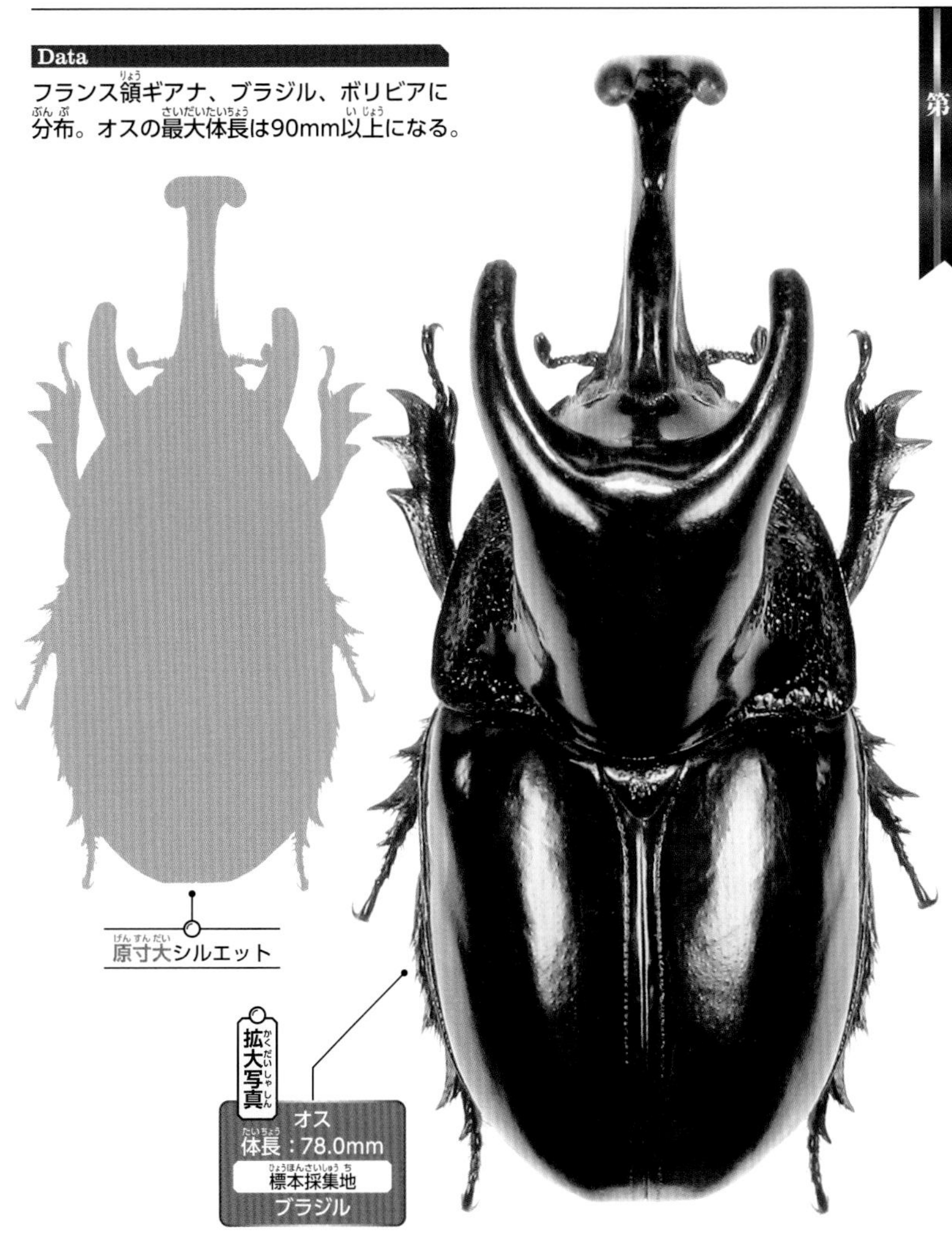

その名のとおり体にツヤがあり、オスの胸角がひさし状に発達する大型サイカブト。やはりツヤヒサシサイカブト最大種ということが、このカブトムシの人気の理由になっている。ブラジルとギアナではそれほど珍しくはないが、ボリビアでは普段見る機会が少ない希少なカブトムシのひとつとされている。

▲頭角は先端で二股に分かれている

▲胸角は大きく前方に張り出してひさし状になる

レア度 | ★★☆☆☆

Megasoma thersites

テルシテスゾウカブト

Data

メキシコのバハ・カリフォルニア州に分布。オスの最大体長は50mm以上になる。

第70位 Beetles Ranking BEST 100

▲全身に明るい黄褐色の体毛が生えている

全身を覆う体毛が、まるでギアスゾウカブトを小型にしたように見えるゾウカブト。メキシコのバハ・カリフォルニアで採集された標本が市場に出ている。そのため小型ゾウカブトの中では標本の入手がしやすい。種名はギリシャ神話に登場する人物で、トロイア戦争のギリシャ軍の下士官兵テルシーテスにちなむ。

レア度 | ★☆☆☆☆

Strategus antaeus

アンタエウスミツノサイカブト

Data

アメリカ合衆国に分布。オスの最大体長は43mm以上になる。アメリカのみに生息する小型サイカブト。

▲胸部から長い角が伸びている

小型な体格ながら、大きく立派な3本の角を持っている。その勇ましさを感じさせる姿からなのか、小型のサイカブトのなかでは人気がある。オス、メスともに体の光沢が強く、体色はダークブラウンを帯びている。完成されたようにも見えるその造形を眺めるにつけ、"このカブトムシがこの姿のまま、90㎜を超える大型種だったら、人気ベスト10に入ったかも知れない"と考えてしまう。

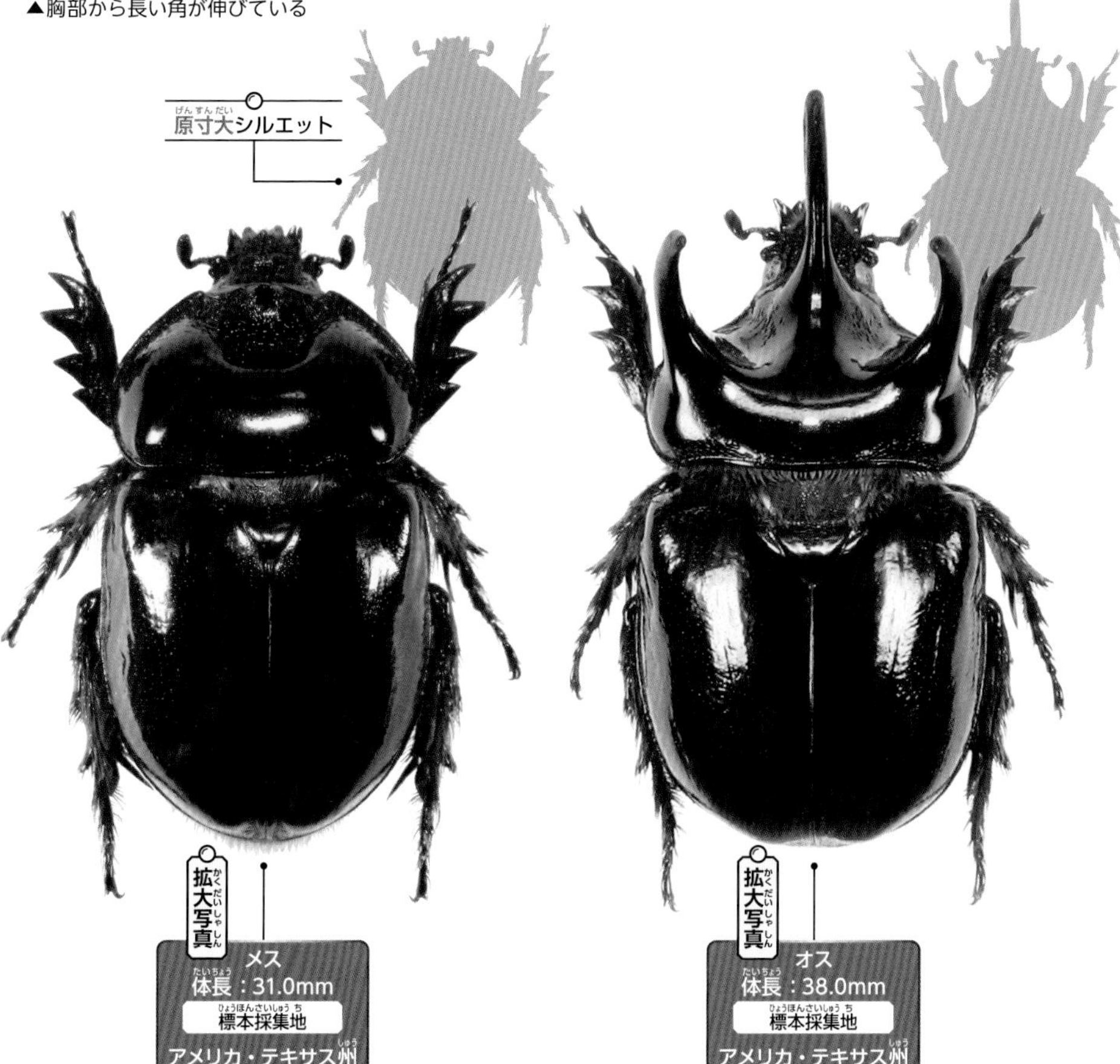

レア度 ★★☆☆☆

Archophanes cratericollis

オニコカブト

Data

アフリカ大陸に分布。オスの最大体長は44mm以上になる。

アフリカ大陸に広く分布するこのコカブトは、世界のカブトムシの本に標本画像が掲載されていることが多い。そのため、すでに見たことがある読者も多いのではないだろうか？ 胸角がまるで「鬼」の角のように見えるという独特な姿のせいか、コカブトの人気種となっている。

▲頭部に1本、胸部に2本の角が生えている

▲角はすべて上に向かい生えている

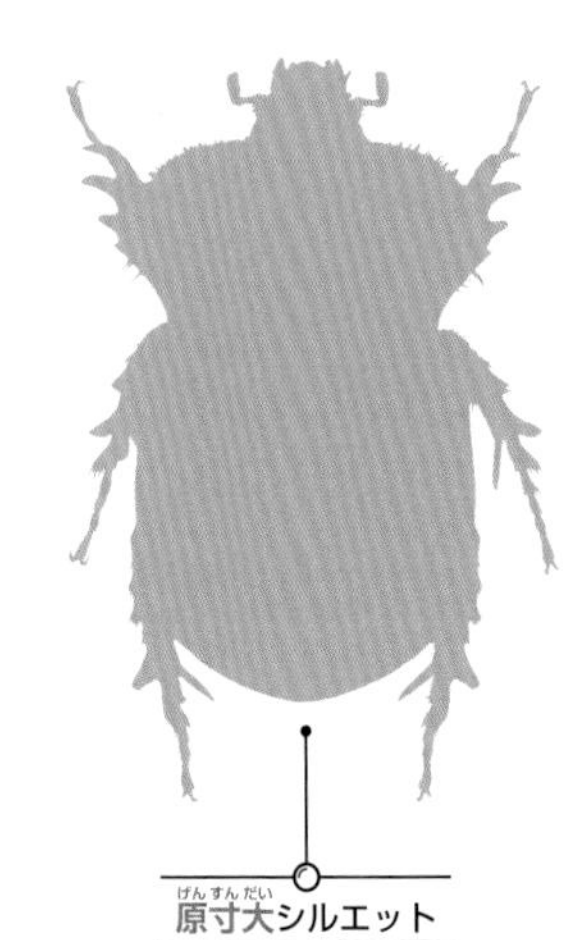

原寸大シルエット

拡大写真

オス
体長：42.5mm
標本採集地
コンゴ

レア度 ★★☆☆☆

Lycomedes buckleyi

バックレイエボシヒナカブト

小型のカブトムシで、体がビロード状になっている。明るい灰褐色の体は、湿度が高くなると暗い赤紫色に変色する。これは雨などが降った時に、湿った土の上で体を天敵から見つかりにくくするためだと思われる。生息地のエクアドルでは、地面に穴を掘ってペアで巣を作っていたところを観察できた。

Data

エクアドルに分布。オスの最大体長は38mm以上になる。

▲胸角が烏帽子のように見える

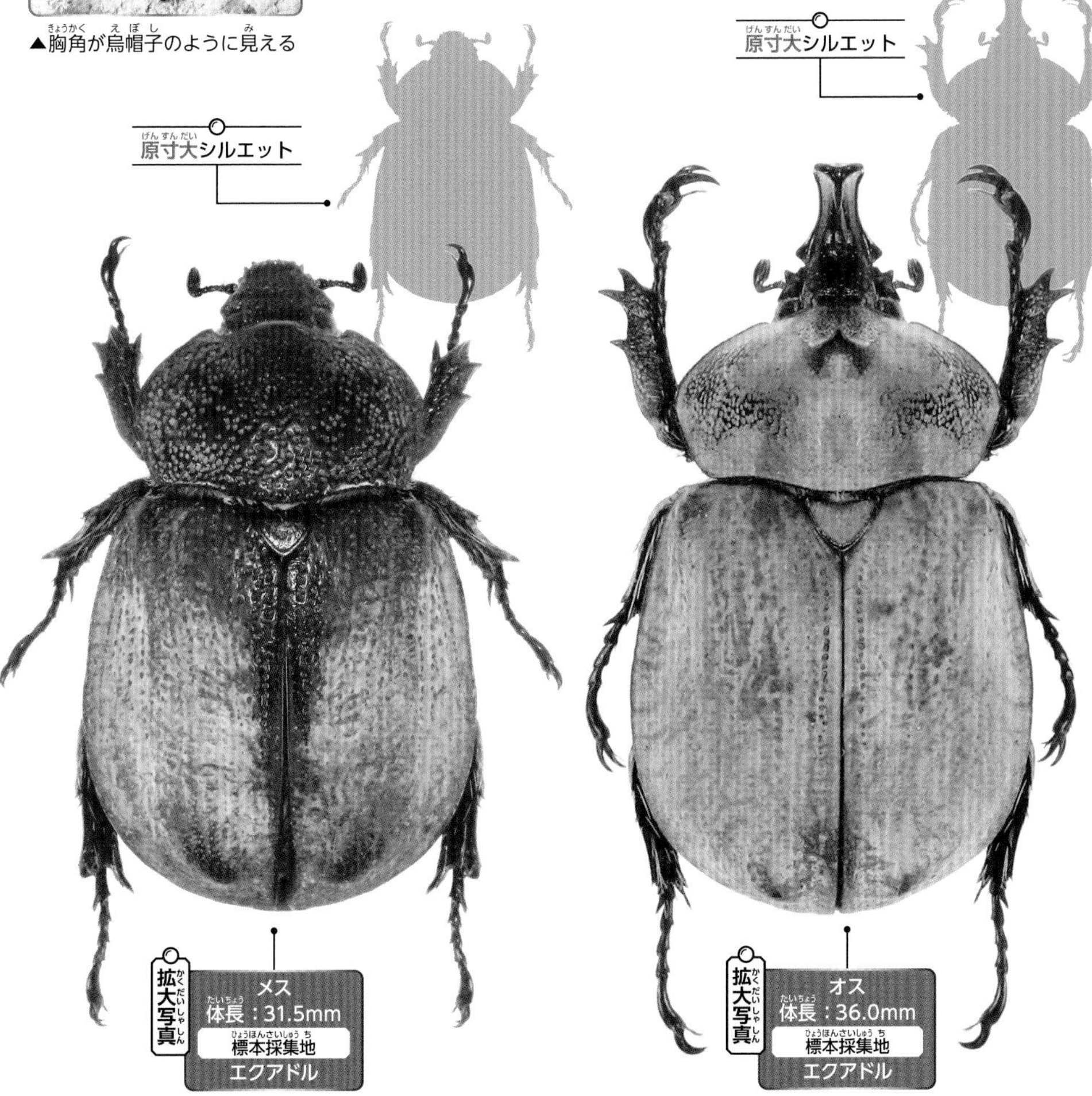

レア度 ★★★★☆

Trichogomphus robustus

ロブストゥスメンガタカブト

このカブトムシは珍しく、かつては標本の入手がまったくできなかったことをよく覚えている。その後生息地が見つかり、ペアで標本が販売されるようになった。それでもまだ珍しい種類には違いなく、詳しい生態は解明されていない。いまだに謎の多いカブトムシのひとつだ。

Data

中国、ベトナム、ミャンマーなどに分布。オスの最大体長は51mm以上になる。各産地で珍しいサイカブト。

▲横から見ると、胸角の先が二股に分かれている

原寸大シルエット

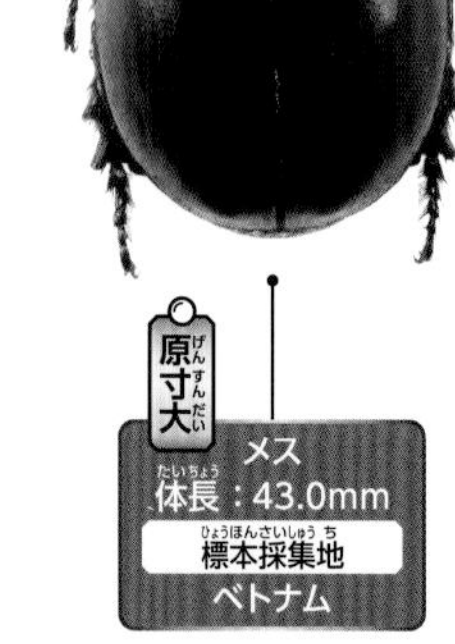

原寸大
メス
体長：43.0mm
標本採集地
ベトナム

拡大写真
オス
体長：51.0mm
標本採集地
ベトナム

レア度 | ★★★★☆

Lycomedes ohausi

オハウスエボシヒナカブト

第75位

Data

エクアドルに分布、オスの最大体長は36mm以上になる。エボシヒナカブトの珍種。

原寸大シルエット

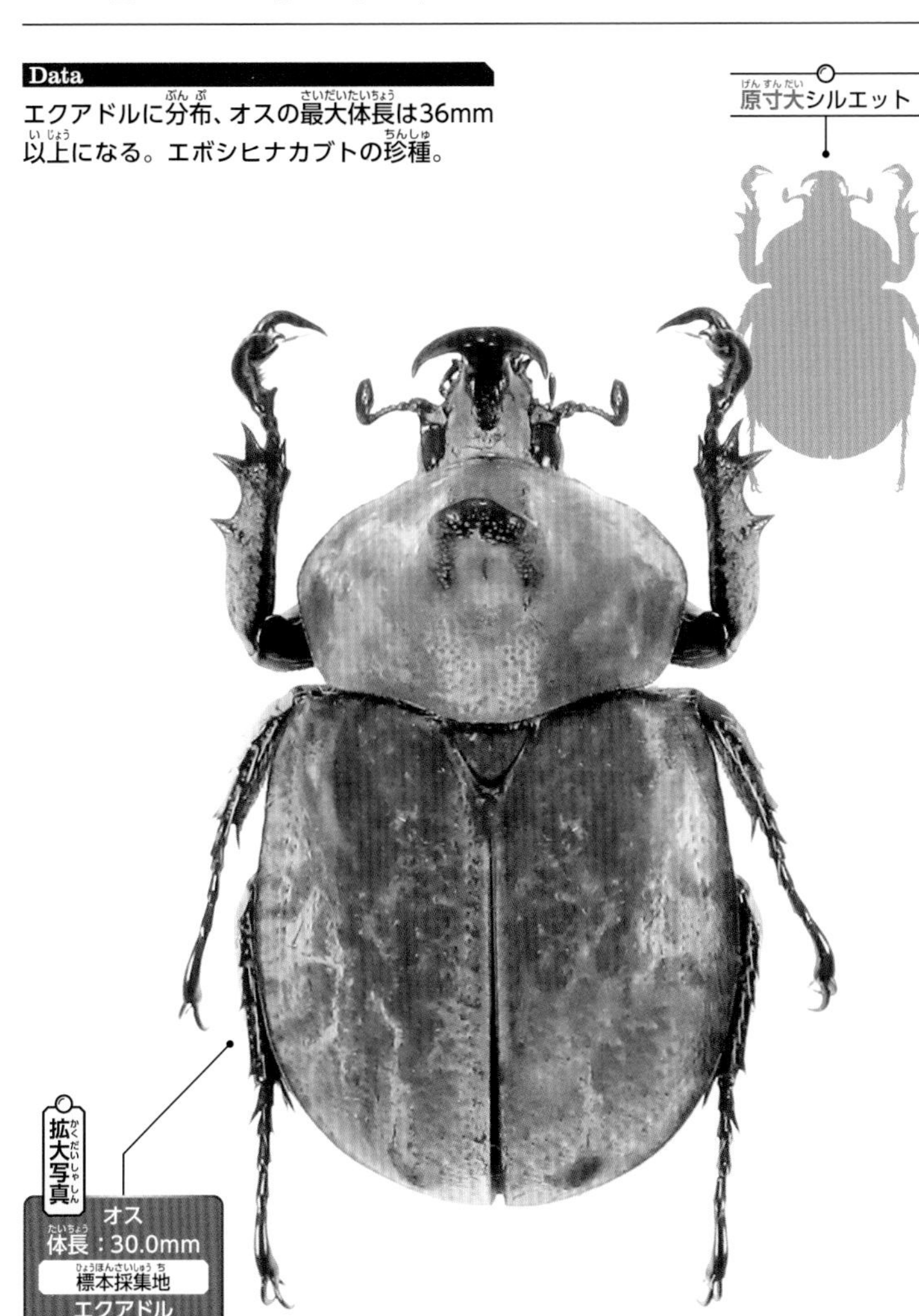

拡大写真
オス
体長：30.0mm
標本採集地
エクアドル

バックレイエボシヒナカブトと同じく、エクアドルのみに分布するエボシヒナカブト。筆者もエクアドルには2回昆虫観察に行ったが、このカブトムシの生体はどうしても見つからなかった。現地のガイドもあまり見たことがないと言っており、珍しい種であることは間違いない。その体験から、この標本が売られているのを見た時の喜びは今も忘れられない。真上に伸びる胸角が、見る者の印象に残る小型カブトムシだ。

▲人間が使う盾のような胸角をしている

▲胸角が上に長く伸びている

レア度 | ★★★☆☆

Strategus mandibularis

マンディブラリスミツノサイカブト

Data

ブラジル、パラグアイ、アルゼンチンに分布。オスの最大体長は75mm以上になる。

▲大型のオスは胸角が長く伸びる

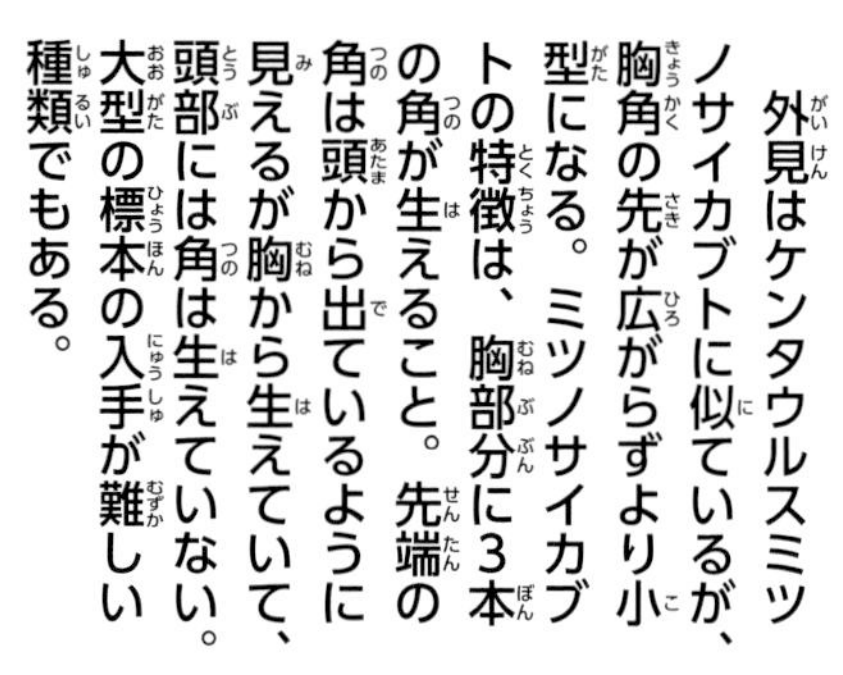

外見はケンタウルスミツノサイカブトに似ているが、胸角の先が広がらずより小型になる。ミツノサイカブトの特徴は、胸部分に3本の角が生えること。先端の角は頭から出ているように見えるが胸から生えていて、頭部には角は生えていない。大型の標本の入手が難しい種類でもある。

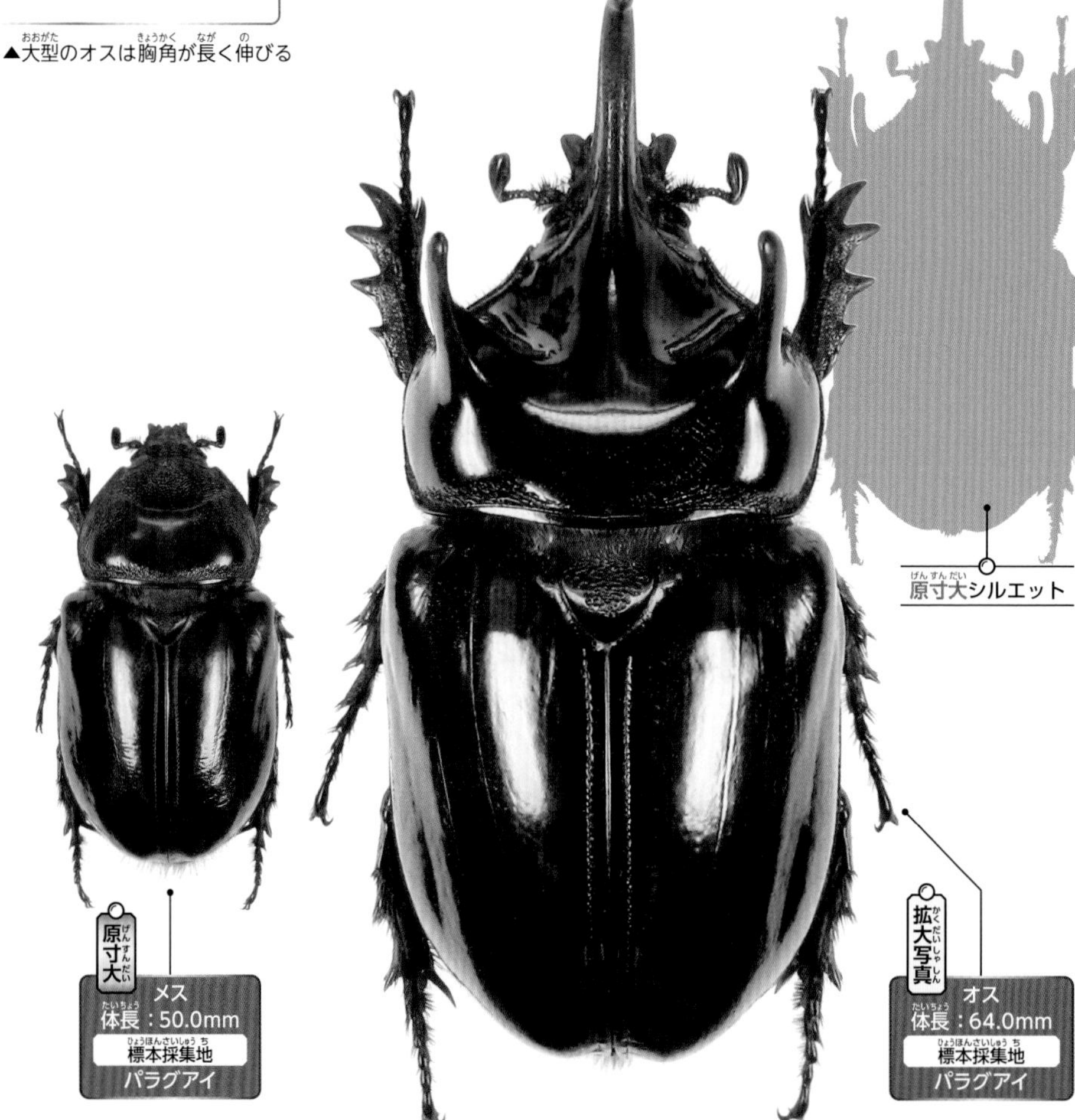

レア度 ★★☆☆☆

Thronistes rouxi

ウスイロミツノマルカブト

南米に広く分布するマルカブトの仲間で、体の色は美しい赤褐色をしている。そのことからマルカブトの中でも人気がある。このカブトムシはオスの標本が出廻ることがあるが、メスが売りに出ずになかなか入手できなかったのを思い出す。体色の美しいマルカブトなので、カブトムシの標本コレクションに加えたい種類でもある。

Data

エクアドル、コロンビア、ウルグアイ、パラグアイなどに分布。オスの最大体長は35mm以上になる。

▲胸角の先は二股に分かれる

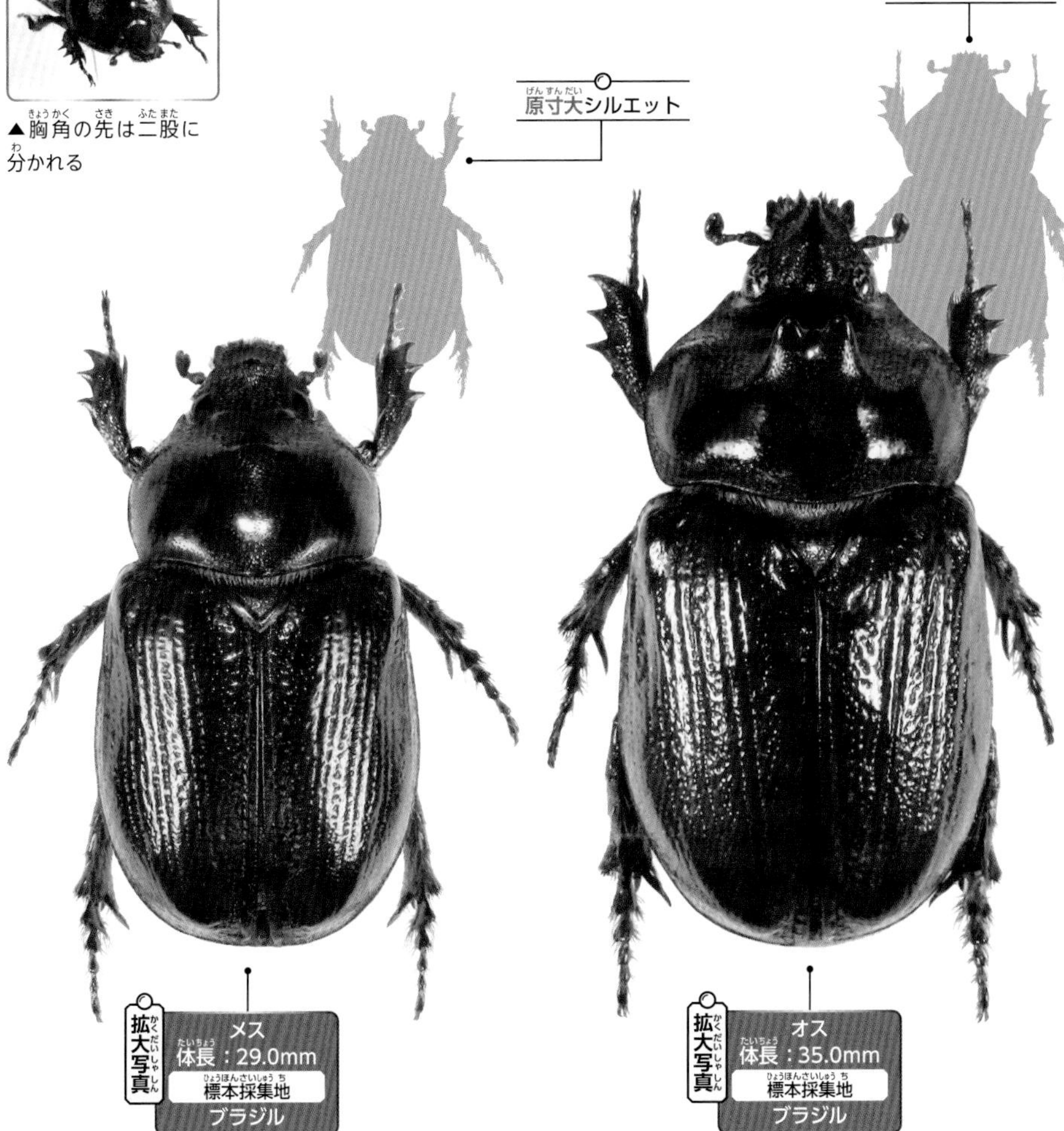

レア度 | ★☆☆☆☆

Oryctes gun

グヌサイカブト

Data

インドシナ、マレー半島、ボルネオ、スマトラ島、ジャワ島、フィリピンなどに分布。オスの最大体長は72mm以上になる。

大きくてがっしりとした体格と、頭部の角がまさに動物のサイに見えてしまうカブトムシ。まるでサイの突進のようにどんどん分布域を広げ、現在では広い範囲で繁殖している。日本にいるサイカブトと同じサイカブト属で、確かに姿がよく似ている。筆者がマレーシアに昆虫観察に行った時、大きなメスを見ることができた。その重量感と迫力は今もよく覚えている。

▲頭部に生えた長い角はまさにサイのようだ

レア度 ★★☆☆☆

Agaocephala cornigera

コルニゲラカラカネヒナカブト

金属光沢の胸部分と、明るい赤褐色の前ばねが美しい。ブラジルのヒナカブトはどれも珍しい種が多いが、このカブトムシはその中でもポピュラーと言える。比較的にオスの標本の入手がしやすいという利点があり、そこも人気の理由となっている。メスの標本は珍しく、売りに出ることは少ない。

Data

ブラジル、パラグアイに分布。オスの最大体長は35mm以上になる。

▲胸部にはコブのような角があり、頭部の角は上に向かいカーブする

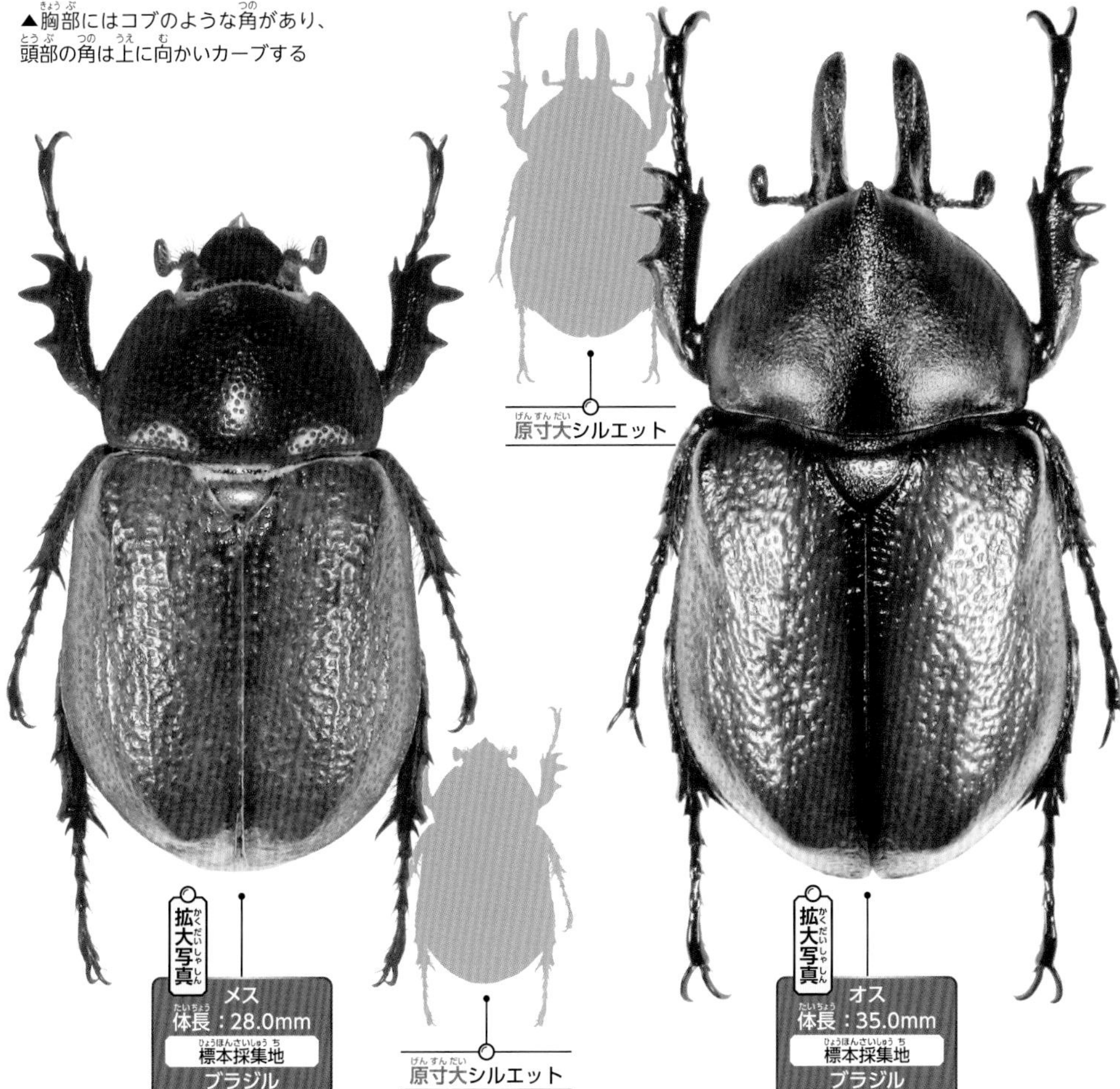

レア度 ★★☆☆☆

Bothynus entellus

エンテルスハビロマルカブト

オスはマルカブトの仲間の中では珍しく、大きく長い2本の胸角が生える。そのことから、外国産カブトの標本コレクションでは、マルカブトの仲間として本種は外せない。昆虫図鑑などでも標本画像がよく載っている有名種である。

Data

ブラジルに分布、オスの最大体長は34.5mm以上になる。胸角が長いマルカブト。

▲胸部は大きくへこみ、二股に分かれる2本の長い角が生えている

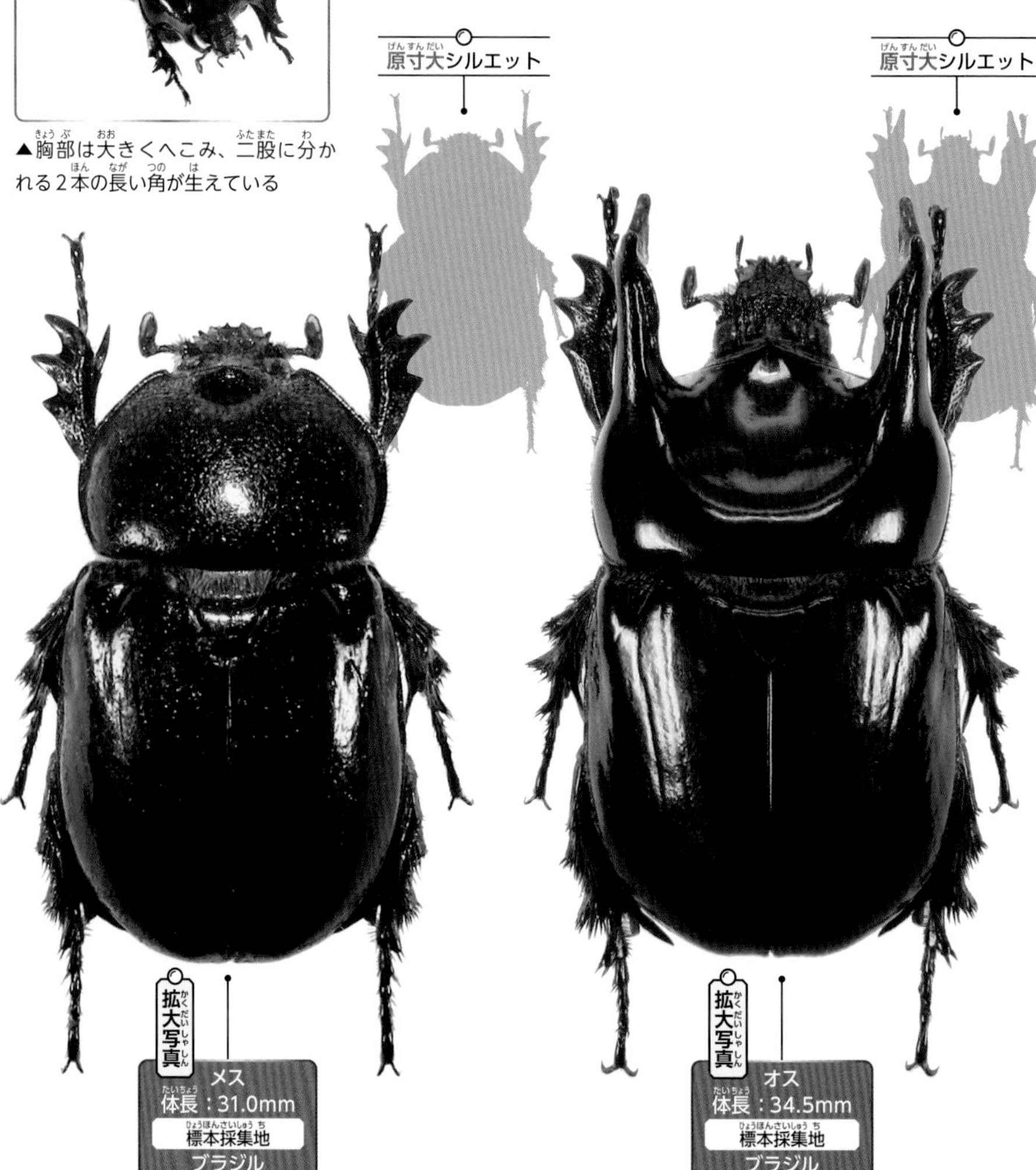

レア度 | ★★☆☆☆

Chalcocrates felschei

セスジタカネミナミカブト

第81位
Beetles Ranking BEST 100

Data

ニューギニア島に分布。オスの最大体長は37mm以上になる。

原寸大シルエット

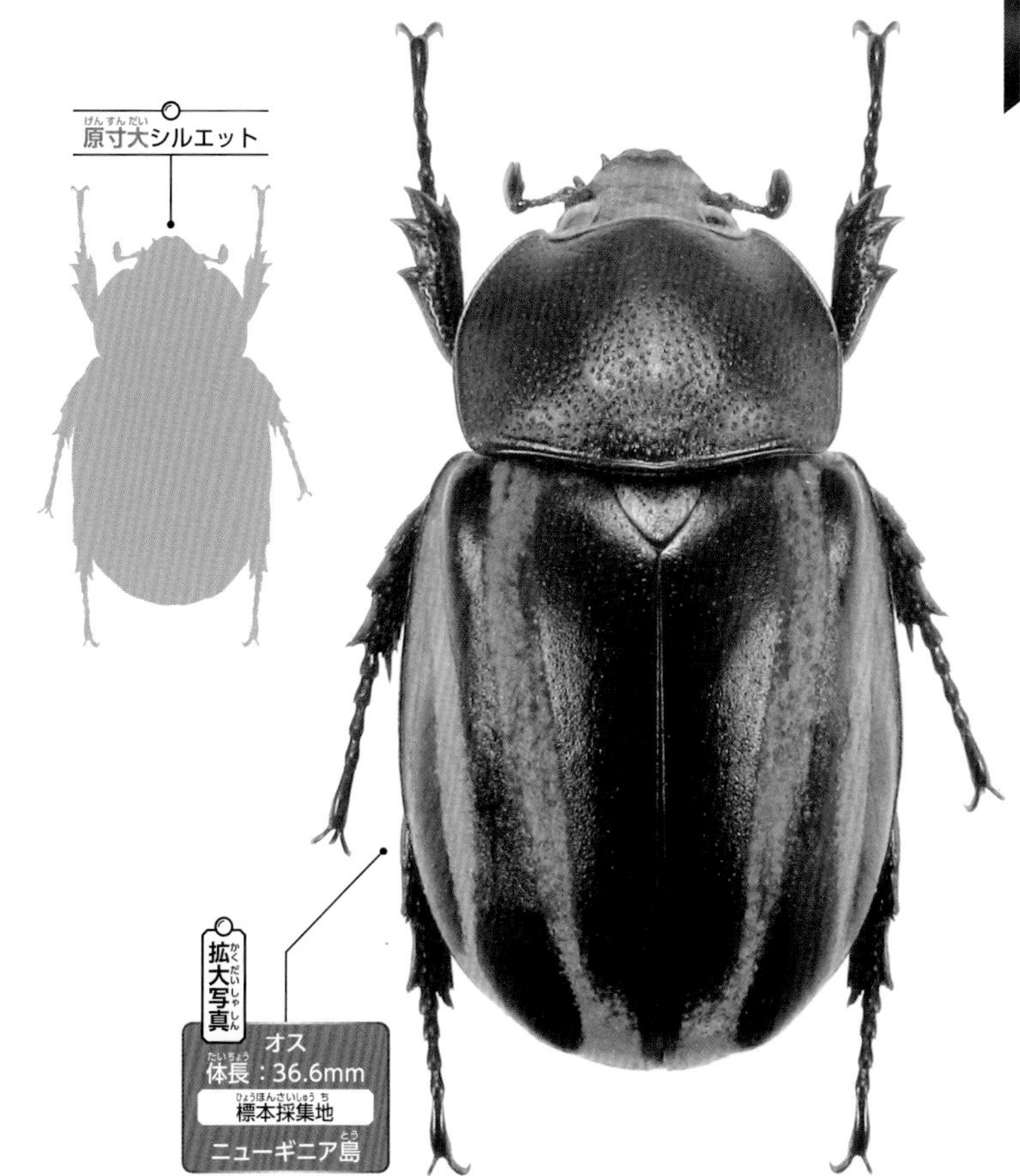

世界に1300種類が知られるカブトムシの仲間たちだが、その多くは実は角が生えていない。なかでもこのカブトムシは、前ばねに金色に見える縦筋が入る。その美しさゆえに人気があり、標本をコレクションするファンも多い。同じタカミナミカブトの仲間で、ブレトニータカミネミナミカブトもニューギニア島に分布している。

▲体に入る金色の模様が美しい

▲頭部、胸部にも角は見えない

レア度 ★★☆☆☆

Papuana fortepunctata

ムツカドパプアマルカブト

▲胸に5本、頭に1本の角が生えている

Data

ニューギニア島に分布。オスの最大体長は32mm以上になる。角が6本もあるカブトムシ。

ゴホンツノカブトはその名のとおり、5本の角が生えていることから有名種になった。このカブトムシは、それより1本多い6本の角を持っているから驚きだ。そのせいか標本では、マルカブトの仲間で人気種のひとつになっている。ニューギニア島のみに分布し、夜行性で日中は地面に潜っていると思われる。

原寸大シルエット

拡大写真
オス
体長：32.0mm
標本採集地
ニューギニア島

レア度 ★☆☆☆☆

Trichogomphus vicinus

コツノアラメメンガタカブト

▲胸が大きくへこみ頭角は長く伸びる

Data

ニューギニア島に分布。オスの最大体長は56mm以上になる。メンガタカブトの大型種。

原寸大シルエット

拡大写真
オス
体長：53.5mm
標本採集地
ニューギニア島

原寸大
メス
体長：53.0mm
標本採集地
ニューギニア島

ガッチリとした体は大きく重く、いかにも強そうな大型のメンガタカブト。ただし飛翔距離は短いと推測できる。アラメとは胸と前ばねがボコボコした、あらい点刻があるところからつけられた。日中は地中に潜り、夜間に地面を歩いて移動していることが多いと思われる。成虫の体の大きさを見ると、幼虫も大きくなると考えられる。

レア度 ★★☆☆☆

Spodistes mniszechi

ムニシェフビロードヒナカブト

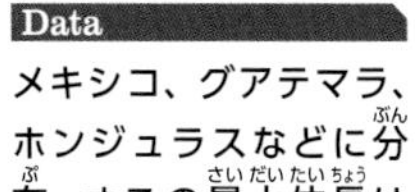

Data

メキシコ、グアテマラ、ホンジュラスなどに分布。オスの最大体長は48mm以上になる。

▲頭角の先端部分は二股に分かれる

全身が明るい灰色がかった黄色の被覆物に覆われている、とても美しいカブトムシ。別名メキシコビロードヒナカブトとも呼ばれる。このヒナカブトの仲間はオスの前足のツメが大きく、餌場やメスを争う時の武器にしていると思われる。このツメで引っ掻かれたら、我々人間でもかなり痛いに違いない。

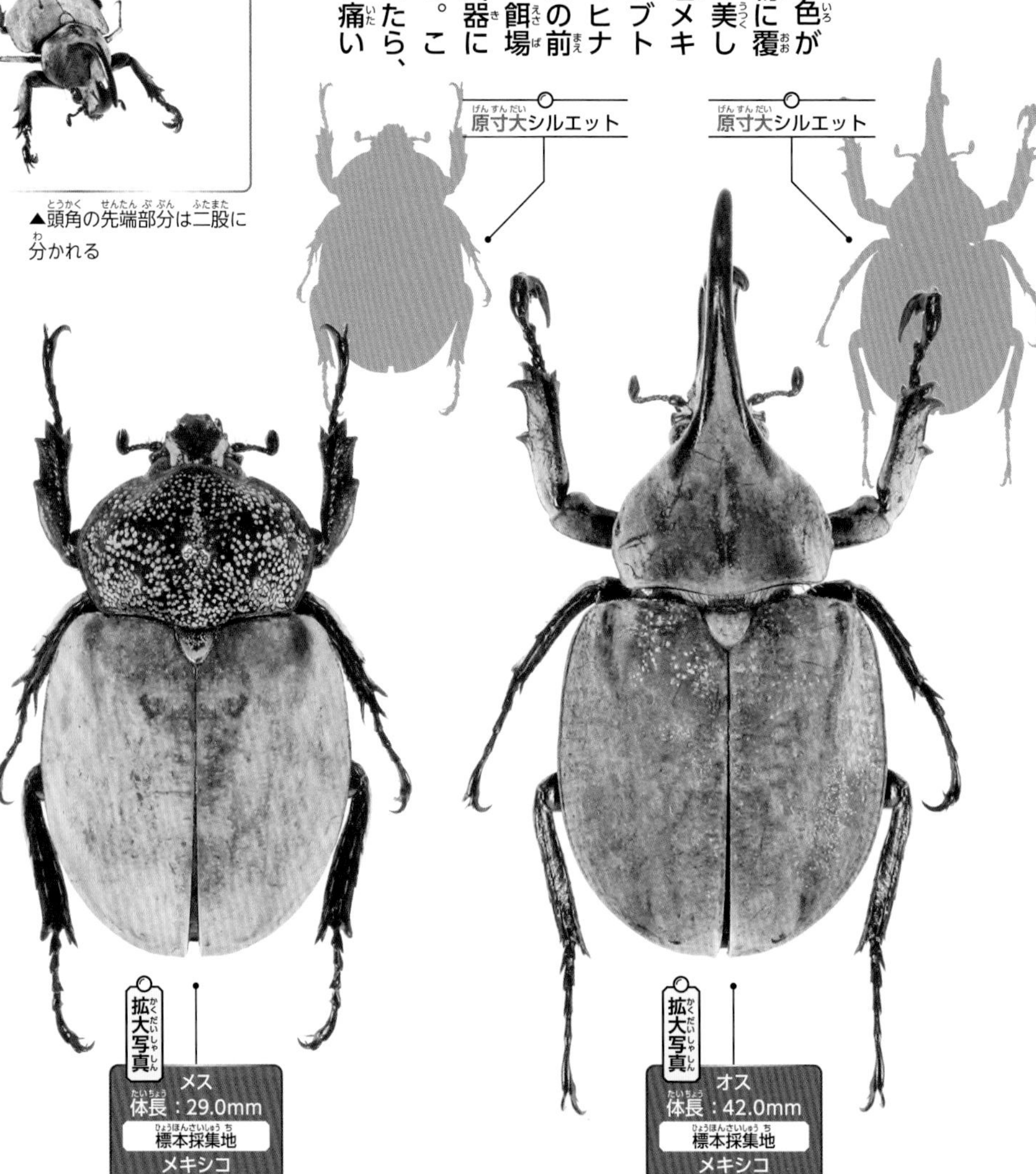

レア度 | ★★☆☆☆

Coelosis biloba

ビロバクリイロサイカブト

第85位
Beetles Ranking BEST 100

Data

メキシコから南米に広く分布。オスの最大体長は55mm以上になる。大きな胸角が印象的なカブトムシ。

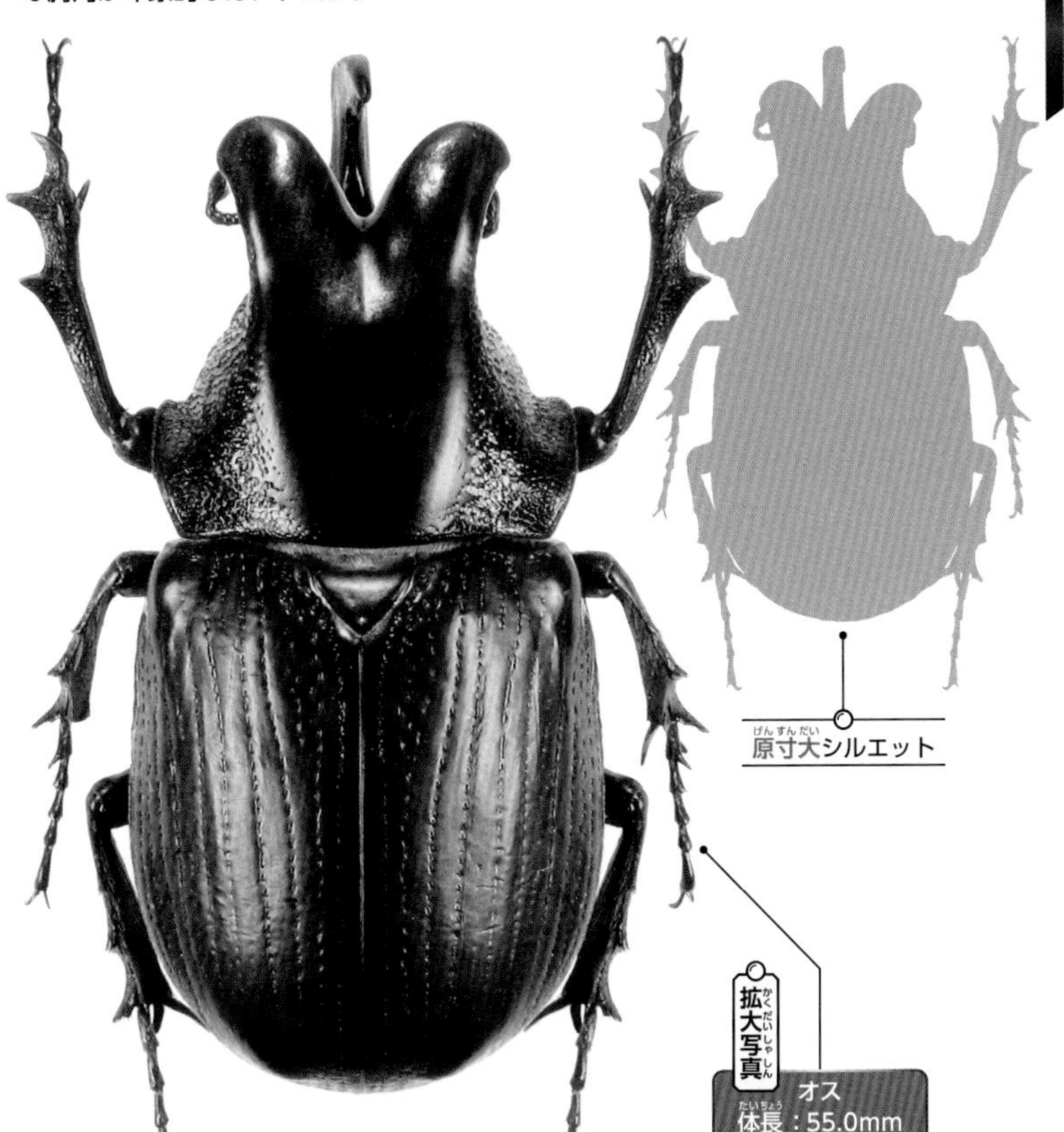

このカブトムシの仲間は、その名のとおり体色が栗色になる個体が多いが、中にはあずき色や黒い個体もいる。筆者がエクアドルに行った時のこと。夜間に買いものに寄った店の前に街灯があって、その明かりにこのカブトムシのオスや、レックスゾウカブトの巨大なメスが飛んで来て驚いた経験がある。

▲エクアドルで街灯の明かりに飛来したオス

▲体の色はあずき色をしている

レア度 | ★★★☆☆

Lycomedes velutipes

ベルティペスエボシヒナカブト

▲胸角の先が二股に分かれている

Data
エクアドルに分布。オスの最大体長は39mm以上になる。エボシヒナカブトの大型種。

南米エクアドルに行った時に、このカブトムシを現地ガイドと探すと、バックレイエボシヒナカブトしか見つからなかった。同じエボシヒナカブトの中でも、大型になるところが本種の魅力だろう。生体が日本に入荷されたことがあり、人工飼育個体が購入できる時もある。大きな前足のツメは、戦う際の武器になると考えられる。

レア度 | ★★☆☆☆

Megasoma joergenseni joergenseni

ヨルゲンセンゾウカブト

▲全身を黄褐色の体毛が包み、胸角の先は丸くなっている

Data

アルゼンチンに分布、オスの最大体長は52mm以上になる。ヨルゲンセンゾウカブトの原名亜種。

原寸大シルエット

原寸大シルエット

パラグアイにはこのカブトムシの亜種となる、ペーニャゾウカブトが分布している。以前フランスで開催される昆虫イベントで、サイン会を行ってほしいという主催者からの依頼が筆者にあり、パリを訪れた。この標本はその時の昆虫イベントで、自分用のお土産に購入してきたひとつ。この標本を見るたびに、楽しかったパリを思い出す。

拡大写真

メス
体長：36.0mm
標本採集地
アルゼンチン

拡大写真

オス
体長：40.0mm
標本採集地
アルゼンチン

レア度 ★★☆☆☆

Heterogomphus schoenherri whymperi

ウインペリィスコエンヘルヒサシサイカブト

第88位 Beetles Ranking BEST 100

このカブトムシは2亜種に分けられ、原名亜種は本種よりオスの胸角が太くなり小型になる。エクアドルでライトトラップを行った時に、このカブトムシが飛来しないかと期待したが、姿は見られなかった。いつか野生のペアを見てみたい。

Data

ブラジル、ボリビア 、ペルー、コロンビア、エクアドルに分布。オスの最大体長は68.5mm以上になる。

▲その名のとおりオスの胸角はひさし状になっている

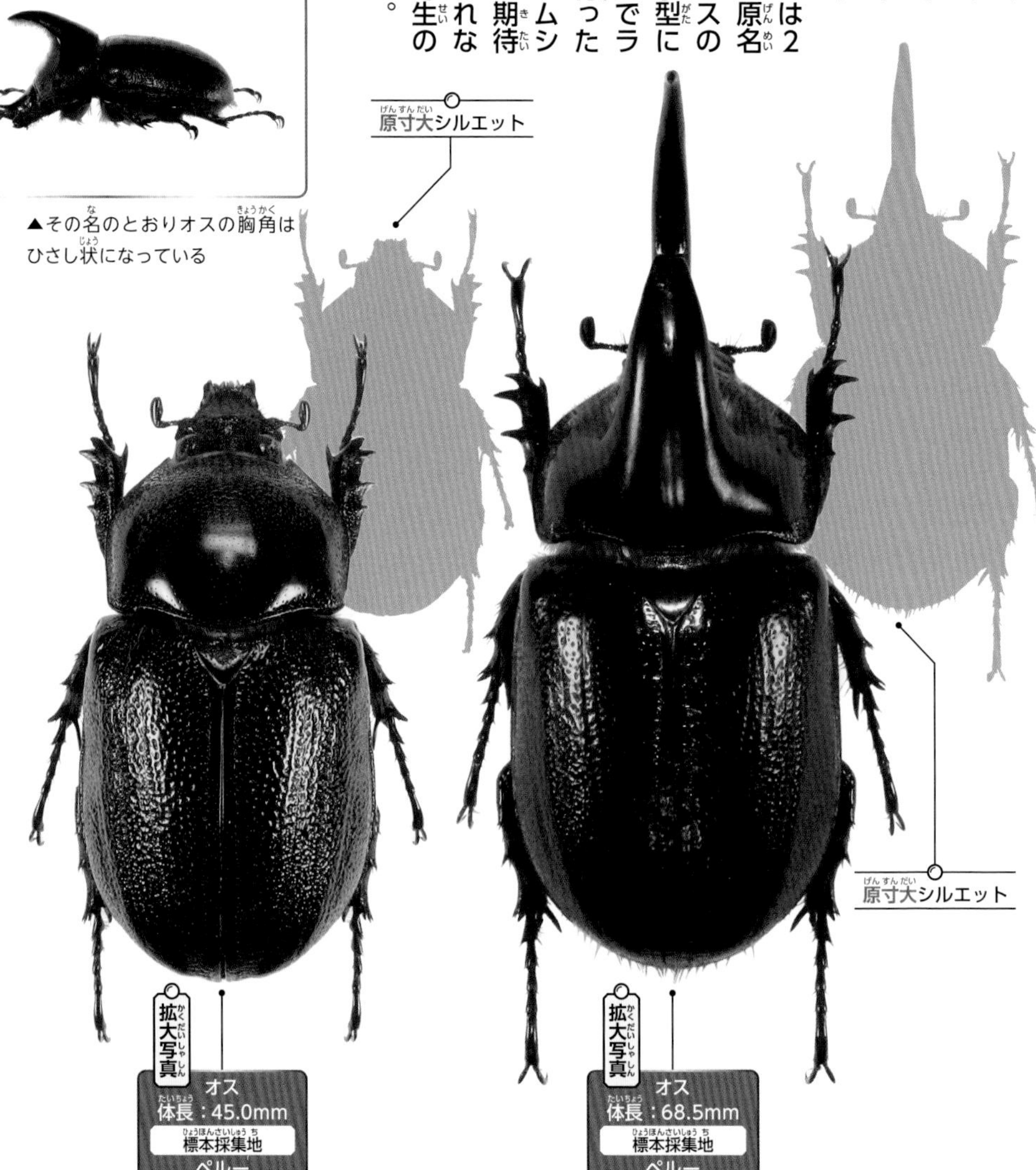

レア度 | ★★★★☆

Amblyodus castroi

カストロソリツノカブト

第89位 Beetles Ranking BEST 100

Data

ペルーに分布。オスの最大体長は22mm以上になる。ペルーの珍しい小型カブト。

海外のサイトで画像を初めて見て、その奇抜な形の頭角に「なんだこのカブトムシは？」と思い日本で標本を探した。しかしこの種は珍しく、なかなか標本が入手できなかった思い出がある。そのしばらく後に生息地が見つかったおかげで、少数の標本が日本に入荷されなんとか入手できた。それでも現地で見つかる数は少なく、生態など未だに謎が多い変わった姿の小型カブトムシだ。

▲胸部分がへこみ、頭角が二股に分かれる

▲横から見ると頭角が反り返っている

レア度 | ★☆☆☆☆

Trichogomphus simson

シムソンメンガタカブト

第90位
Beetles Ranking BEST 100

Data

マレー半島、ボルネオ島、スマトラ島などに分布。オスの最大体長は58mm以上になる。

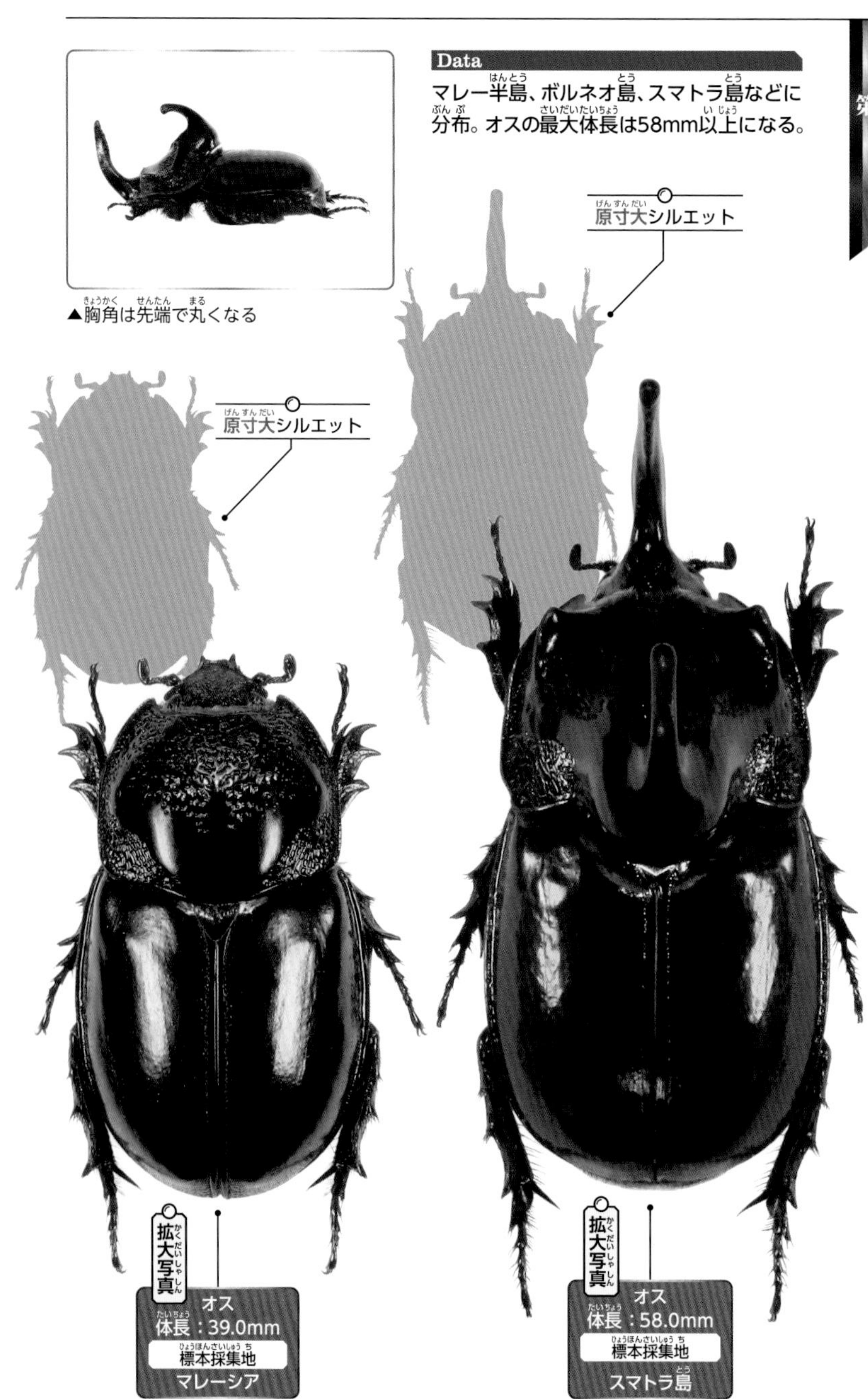

▲胸角は先端で丸くなる

外見は一見パンヒラタサイカブトにも似ている。胸部がへこみ胸角が3本、頭部に日本刀の刃のような1本の角を持つ。オスの胸角の先が丸くなっているが、どうして丸いのかは未だによく解っていない。このカブトムシはその姿が変わっていることから、特に大型のオスの標本に人気がある。倒木の下に隠れていることが多い。

レア度 ★★★★☆

Coelosis sylvanus

シルバヌスクリイロサイカブト

第91位

Data

ブラジルに分布、オスの最大体長は34mm以上になる。サイカブトの標本コレクションに加えたい珍種。

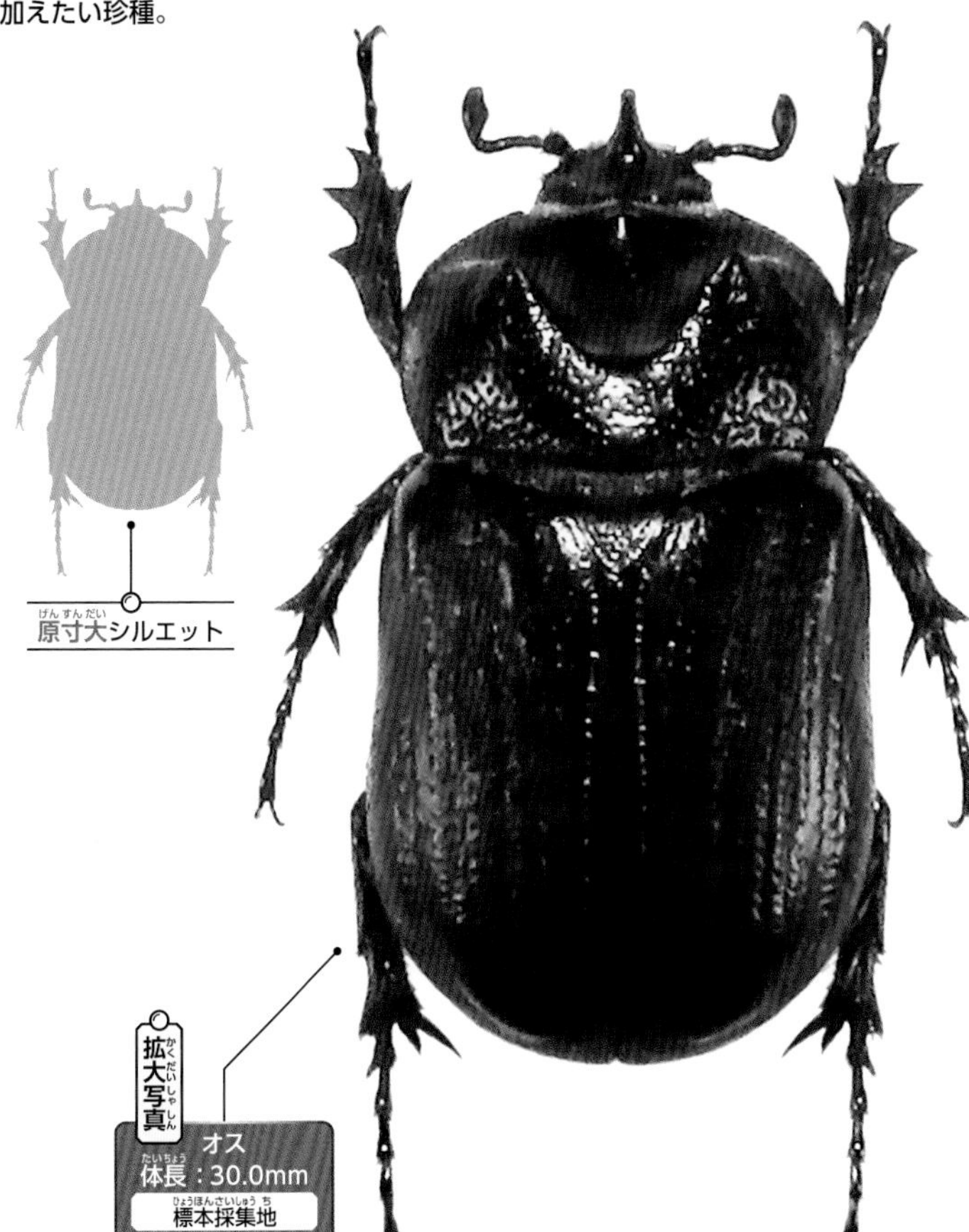

原寸大シルエット

拡大写真
オス
体長：30.0mm
標本採集地
ブラジル

ブラジルにのみ分布しているこのカブトムシは、クリイロサイカブトの中で最も珍しい種類のひとつ。それゆえに日本国内での標本の販売数も少なく、入手するまでに時間がかかったことをよく覚えている。他のクリイロサイカブトよりも、体全体の色が黒っぽくなる個体が多い。黒が強く出る理由については、未だに解っていない。

▲胸部は三角状にへこんでいる

▲頭角が上に向かい１本生えている

レア度 ★★★★☆

Hoploryctoderus tridens caledonicus

カレドニクスミツマタツノカブト

第92位

Data

ニューカレドニアに分布。オスの最大体長は35.5mm以上になる。

原寸大シルエット

拡大写真
オス
体長：35.5mm
標本採集地
ニューカレドニア

ニューカレドニアのみに分布する珍しいカブトムシで、オスは頭角の先がミツマタに分かれる特徴がある。昔は標本が日本国内に入ることがなく、欲しくても入手できないカブトムシのひとつだった。その後生息地が見つかり、標本が日本に入荷された。それを購入してコレクションに加えた時の、嬉しかった思い出が蘇る。

▲全胸部に大きなへこみがある

▲胸部分にコブ状の盛り上がりがある

レア度 | ★★☆☆☆

Xyloryctes lobicollis

ロビコリスイッカクサイカブト

Data

メキシコ、コスタリカ、パナマなどに分布。オスの最大体長は33mm以上になる。

▲オスは頭部から上に向かい１本の角が生える

本種を含むイッカクサイカブト属は、アメリカからパナマにかけて11種2亜種が分布している。イッカクとはオスの頭部から生えた頭角のことで、一角獣とも呼ばれるユニコーンの角に似ているところから、この和名がついたと思われる。小型だが特徴がはっきりしている種なので、標本を集めてゆく面白さもある。

レア度 ★★★☆☆

Xenodorus janus

ヤヌスフトツノサイカブト

Data
熱帯アフリカに分布。オスの最大体長は30mm以上になる。

▲オスは胸部分と頭角の先が二股に分かれる

昆虫の標本には通常、採集地、採集年月日、誰が採集したかなどが記された採集ラベルがついている。このカブトムシはアフリカに広く分布していて、標本の採集ラベルも各地のものが見られる。小型だが体と比較して頭角が太く、その形が変わっているところから人気がある。

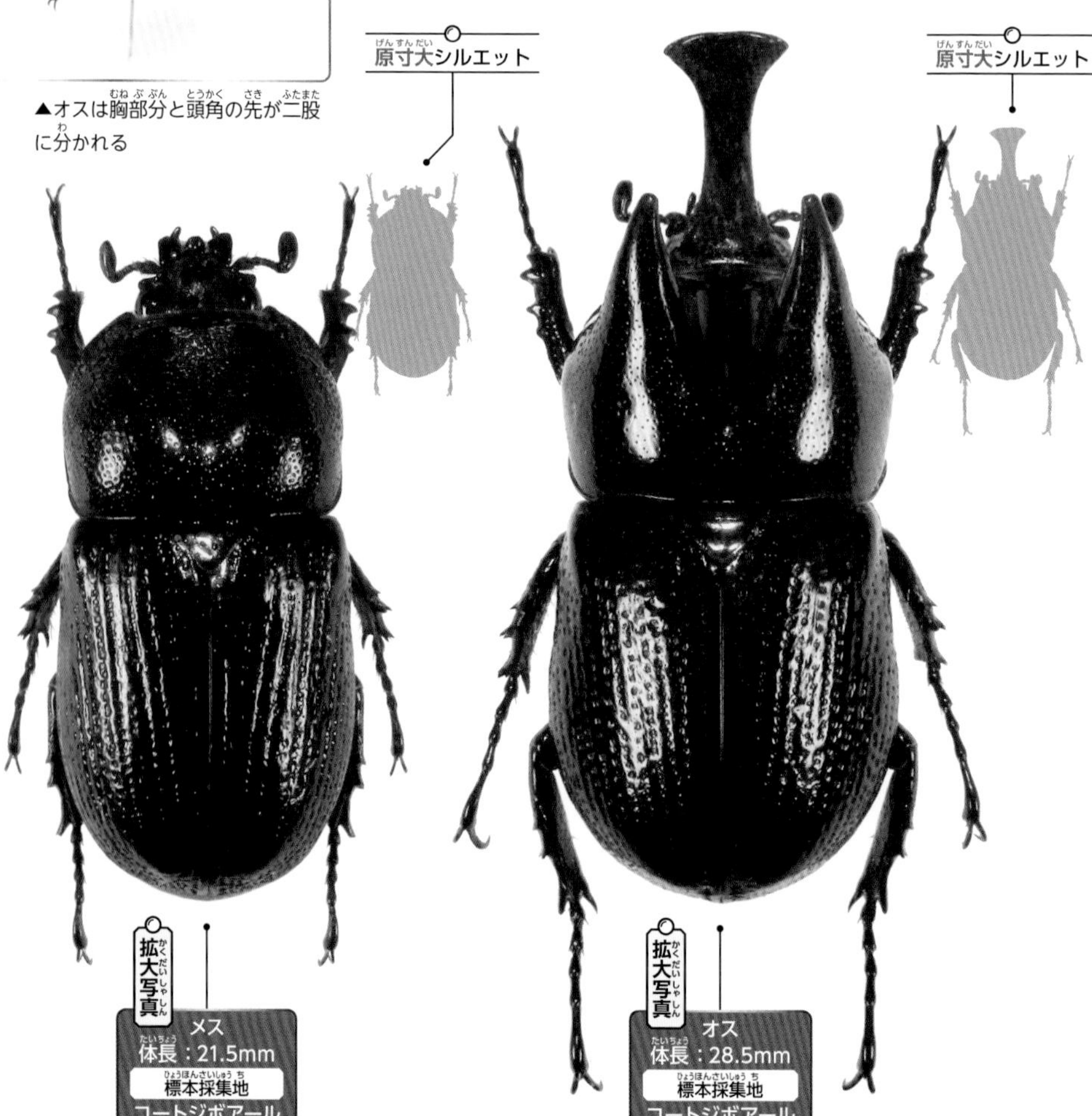

レア度 ★★☆☆☆

Heterogomphus ulysses duponti

ドゥポンティユリセスヒサシサイカブト

第95位

Data

ブラジル、アルゼンチン、パラグアイに分布。オスの最大体長は60mm以上になる。ヒサシサイカブトの大型種。

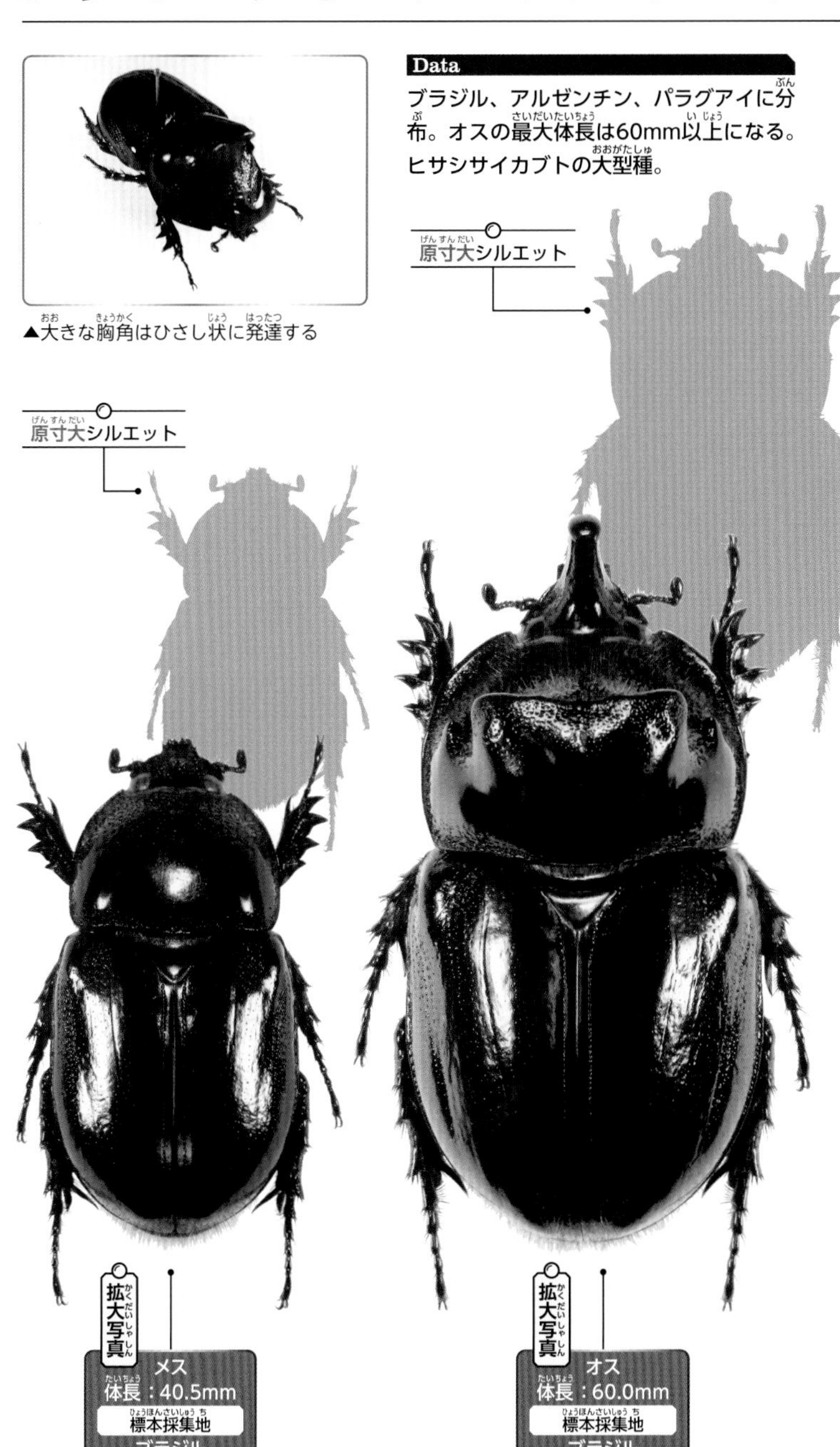

▲大きな胸角はひさし状に発達する

このユリセスヒサシサイカブトの亜種ドゥポンティは、コロンビアとペルーに分布している原名亜種より大型になる。ヒサシサイカブトの仲間は、アルゼンチンからメキシコにかけて49種13亜種が分布している。その中でも体の太さと大きさで、一際目立つカブトムシである。ヒサシサイカブトは種類が多く、集めるのに時間を要する。

レア度 | ★★☆☆☆

Strategus validus

バリドゥスミツノサイカブト

Data

ブラジル、アルゼンチン、パラグアイに分布。オスの最大体長は54.5mm以上になる。

ミツノサイカブトは34種3亜種が知られるが、どれもアメリカ東部からアルゼンチンにかけて分布している。このカブトムシは、外見はケンタウルスミツノサイカブトに似ているが、胸角に違いが見られより小型になる。上に向かい伸びる胸角が印象的だ。

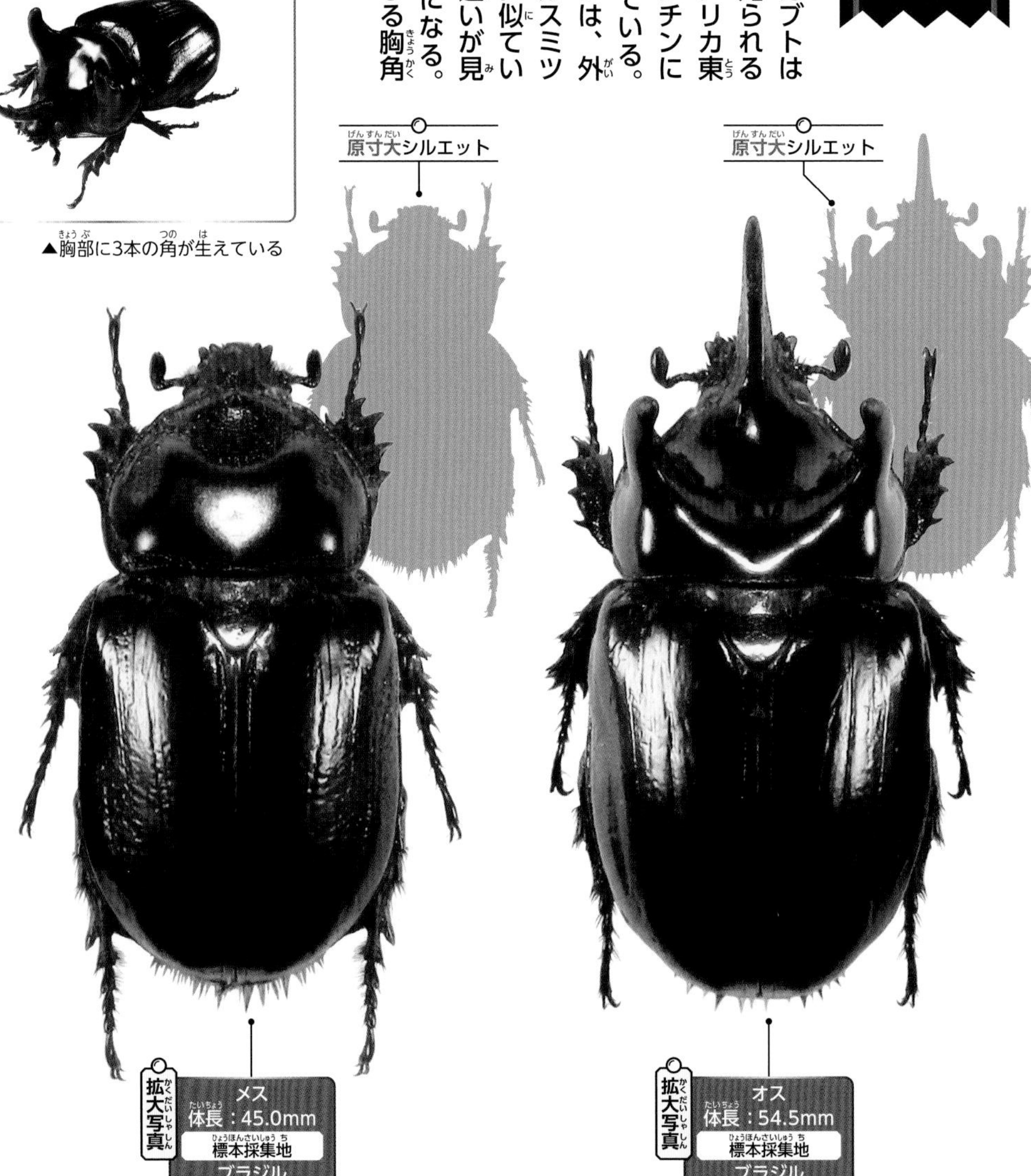

▲胸部に3本の角が生えている

レア度 ★★☆☆☆

Xylotrupes pubescens

ケブカヒメカブト

Data

フィリピンに分布。オスの最大体長は58.5mm以上になる。

▲胸角・頭角の先端が二股に分かれている

このカブトムシは、フィリピンのミンダナオ島の採集ラベルが付いた標本を見かける機会が多い。生体に刺激を与え、興奮状態にすると体から音を出して相手を威嚇する。外見が似ているヒメカブトと名のつく中でも、体毛が生えているところが変わっている。

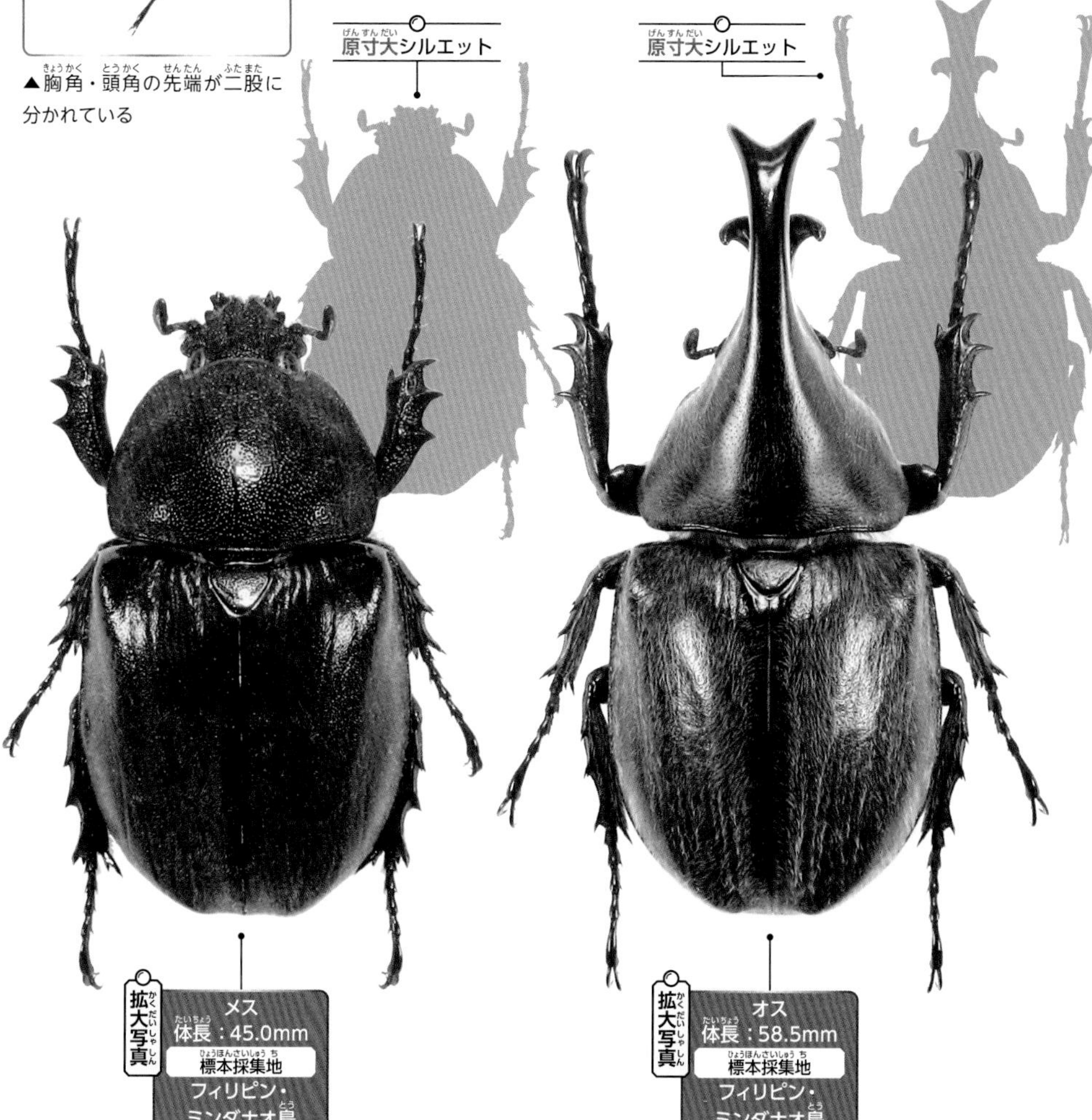

レア度 | ★☆☆☆☆

Oryctes boas

ボアスサイカブト

別名でアフリカサイカブトの和名があり、ポピュラーなことからアフリカのサイカブトとしては有名種。繁殖能力が強いことから、アフリカの広範囲に分布している。地面を掘るのに適した各足の刺状の突起は大きく、力強さを感じるカブトムシだ。

Data

アフリカ、アラビア半島に分布、オスの最大体長は61.5mm以上になる。

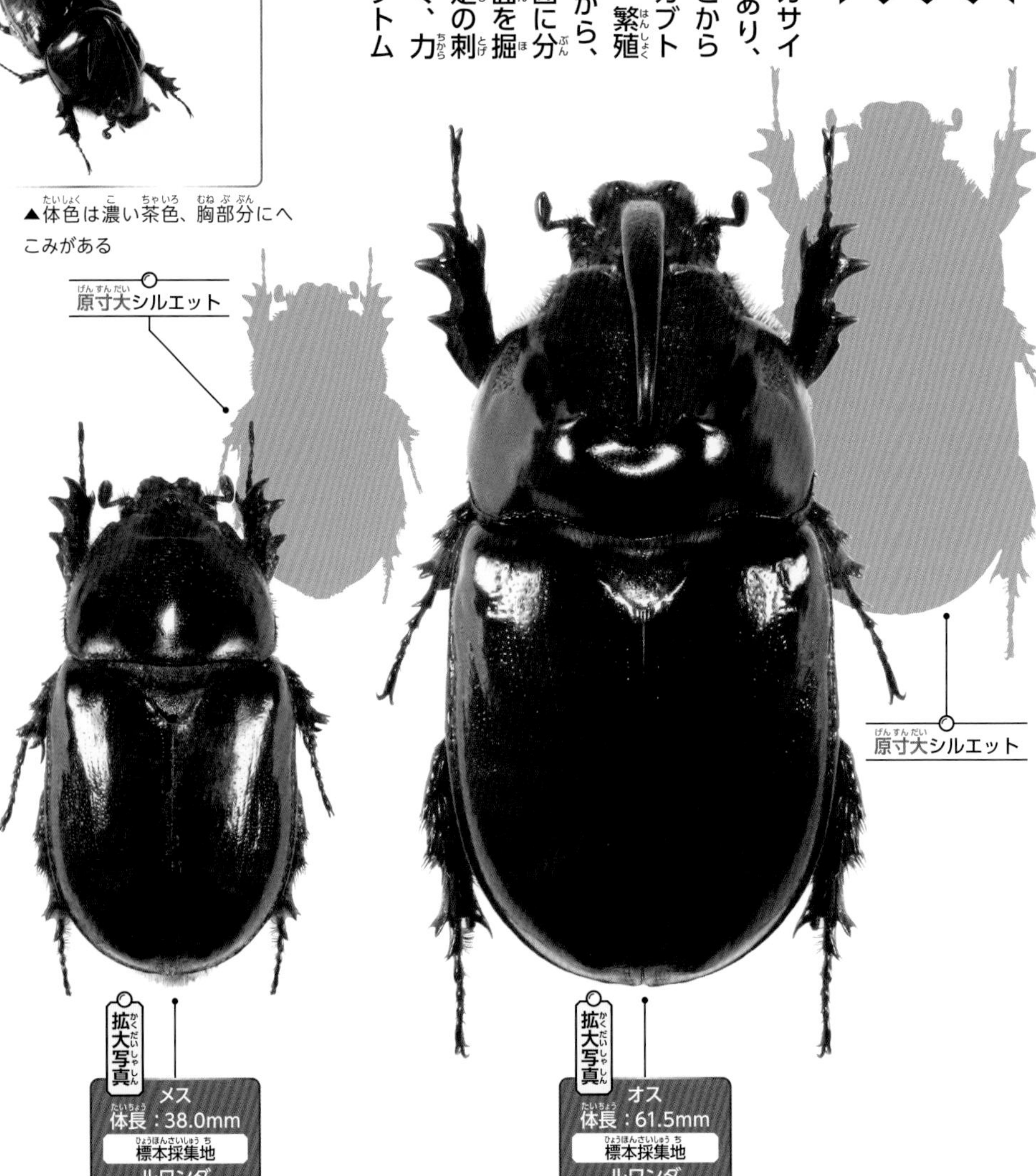

▲体色は濃い茶色、胸部分にへこみがある

レア度 | ★☆☆☆☆

Dichodontus grandis

ヘラムネツノカブト

その名のとおりヘラのような胸角を持ち、オスは頭に1本の角が生える。種名のグランディスとは「大きい」という意味で、この仲間では大型種になることを指している。オスの胸の形が独特で、標本を見ていると進化の不思議さを感じてしまうのは私だけではないだろう。

Data

スマトラ島、ボルネオ、ジャワ島などに分布。オスの最大体長は55mm以上になる。

▲ヘラ状の胸角が生えている

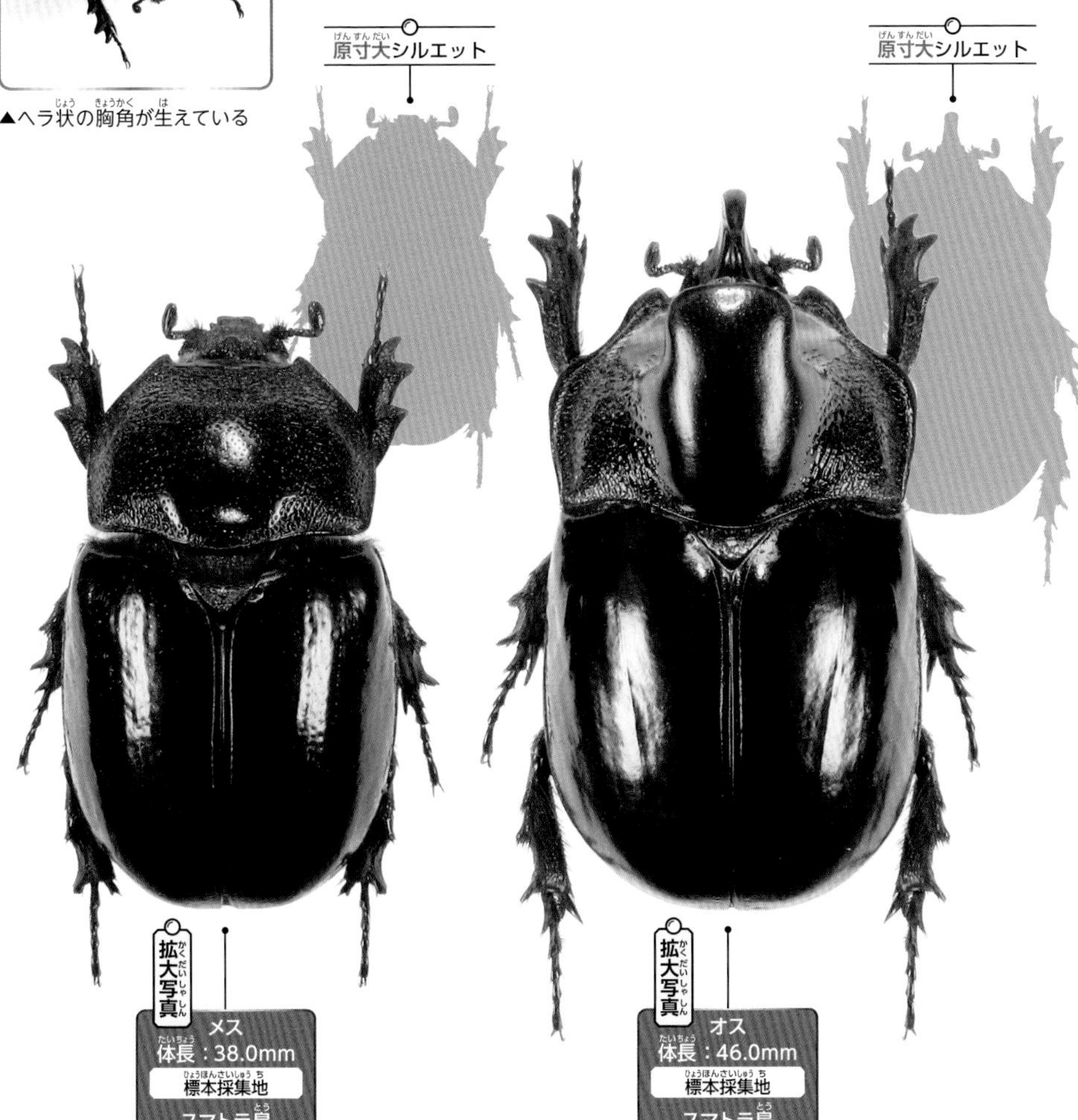

レア度 ★★☆☆☆

Oryctomorphus bimaculatus

ヒゲナガキモンマルカブト

Data

チリ、アルゼンチンなどに分布。オスの最大体長は22mm以上になる。

▲オスの大きな触角が特徴だ

オスは大きな触覚を持ち、とても派手な色彩の前ばねをしている。メスにも前ばねに美しい模様が入る。この変わった姿はカブトムシに見えないが、れっきとしたマルカブトの仲間である。「世界は広く、こんなカブトムシもいるんですよ」という意味合いも込めて、掉尾を飾る100位とした。

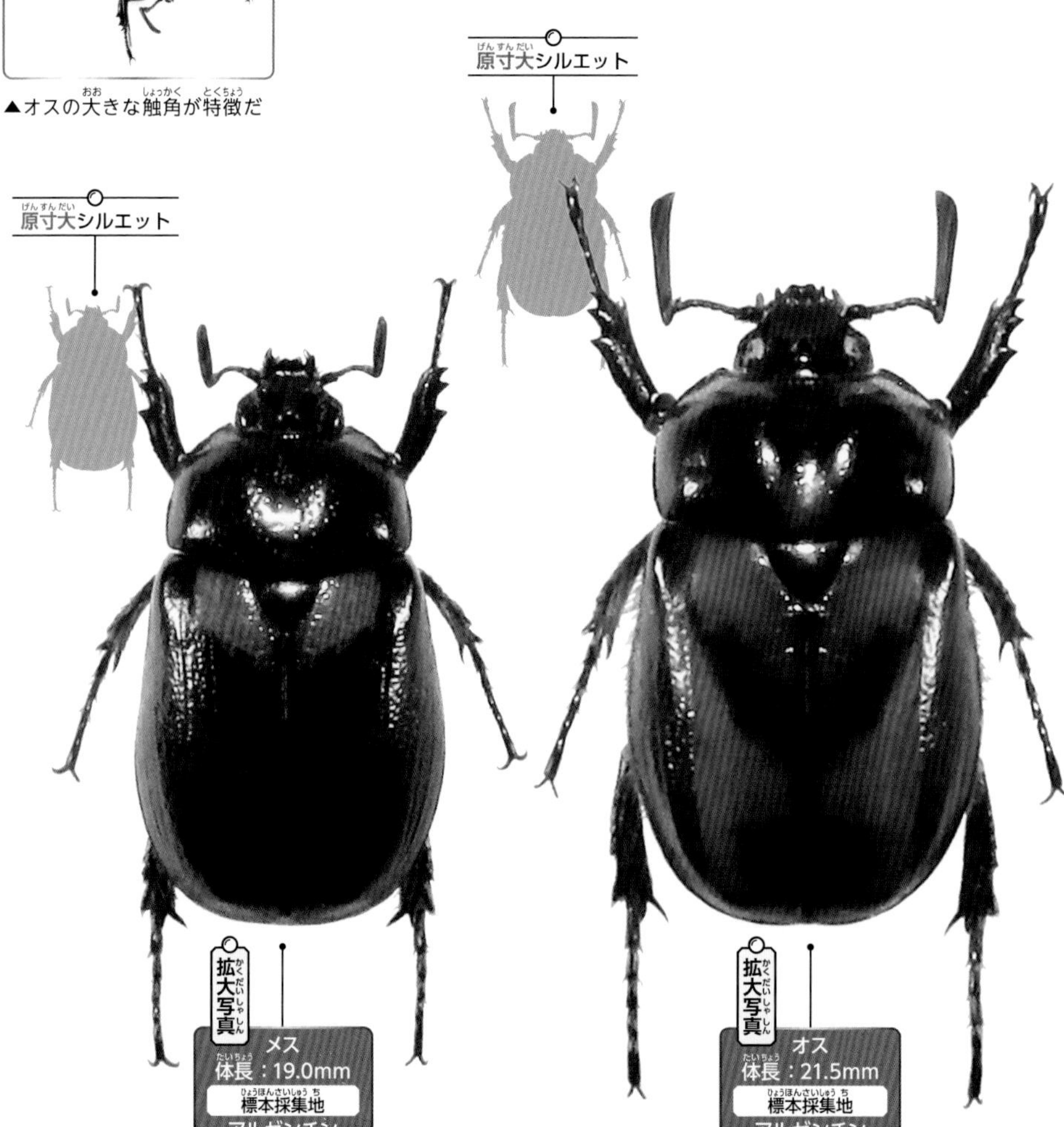

著者Profile

▲自著のサイン会を行うために、
フランスのパリを訪れた著者

岡村 茂

(おかむら しげる)

1963年東京都三鷹市生まれ。漫画家、昆虫研究家、童話作家。1988年に集英社少年漫画大賞佳作受賞、1990年月刊少年ジャンプにて連載デビュー。その後、児童向けから青年漫画まで幅広いジャンルで活躍している。執筆のかたわら昆虫採集と昆虫標本の収集・研究に没頭し、世界中の森林を渉猟。現在、昆虫研究家として各種メディアへの出演や講演会、昆虫に関する著作にも積極的に取り組んでいる。

索引

Beetles Ranking BEST 100

※この本で使用している一般的な和名を五十音順に並べてあります

あ

か

さ

た

な

は

参考文献

水沼哲郎、1999年「コレクションシリーズ テナガコガネ・カブトムシ」（ESI刊）
岡島秀治ほか、2001年「ニューワイド学研の図鑑カブトムシ・クワガタムシ」（学研刊）
小池啓一ほか、2006年「小学館の図鑑NEOカブトムシ・クワガタムシ」（小学館刊）
清水輝彦、2015年「月刊むし・昆虫図説シリーズ6 世界のカブトムシ（上）南北アメリカ編」（むし社刊）
「BE-KUWA ビー・クワ」（むし社刊）

世界のカブトムシBEST100

2023年7月11日　第一刷発行

著　者　岡村 茂
制作協力　有限会社オカクワ
デザイン　杉本龍一郎（開発社）
　太田俊宏（開発社）
編集人　二之宮隆
発行人　島野浩二
発行所　株式会社双葉社
〒162-8540 東京都新宿区東五軒町３番28号
☎03-5261-4818［営業］
☎03-5261-4869［編集］
https://www.futabasha.co.jp/
（双葉社の書籍・コミック・ムックが買えます）
印刷所　図書印刷株式会社

ISBN978-4-575-31808-1 C0076